波佐見焼ブランドへの道《みち》程《のり》

長崎県立大学
学長プロジェクト 編

石風社

長崎県東彼杵郡波佐見町にある中尾郷。多くの窯元が今も陶磁器を
生産しており、「長崎県まちづくり景観資産」の指定を受けている

窯室数３３、全長１６０m以上という世界最大級の窯があった中尾上登窯
跡（整備中）。江戸時代に、庶民向けの器「くらわんか碗」や輸出用の醤油、
酒を入れる瓶「コンプラ瓶」などが盛んに焼かれたといわれている

脈々と受け継がれる波佐見焼

染付松竹梅文碗（江戸期）

くらわんか碗の素朴な風合を再現した平丼
写真提供：マルヒロ

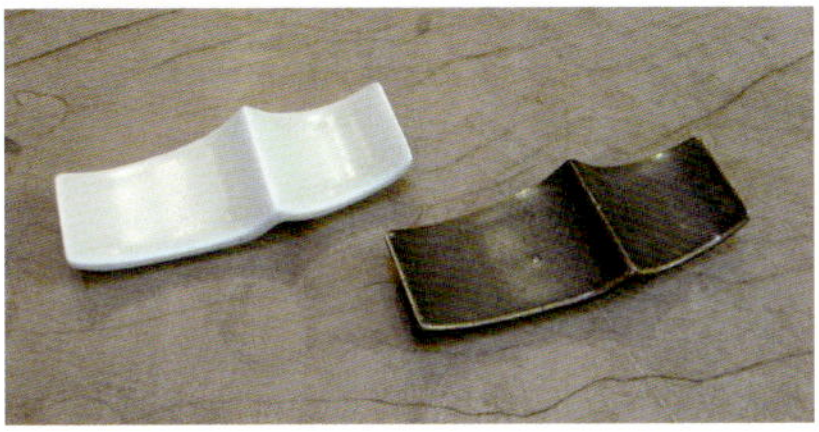

和にも洋にも似合うスタイルに
写真提供：陶房 青

染付コンプラ醤油瓶（１７世紀頃）

彩り鮮やかな現代のコンプラ醤油瓶
写真提供：重山陶器

職人たちが分業体制で作る波佐見焼

石膏型

大量生産に欠かせない陶磁器の原型となる型作り。熟練の職工による細やかな手作業が求められる

泥漿《でいしょう》鋳込み

型に泥漿を流し込む生地作りの一つ。この他、「機械ろくろ」「マシン成形」などの手法により、多様な器の元が作られる

生地（取手の接着）

型によって作られた部品を取り付けることにより、複雑な形が実現する

素焼

ゆっくりと乾燥させた生地を、８時間、９００度で焼く。強度が増し、絵付の行程が行いやすくなる

下絵付

釉薬の下に模様となる絵を描く。焼くと藍色になる絵の具（呉須）が幅広く使われていたが、近頃では様々な色が出る絵の具が開発されている

釉薬

釉薬は高温で焼くことによりガラス質となり、光沢のある美しい仕上がりになる。水漏れや汚れ防止にもなる

上絵付

焼成後、長崎無鉛絵具で絵付され、
上本焼成（８００度で約７時間)、
検品を経て、波佐見焼は完成となる

本焼成

約１３００度で焼き上げる

様々な窯元の手による波佐見焼

冊子「カジュアルリッチ　暮らしのアトリエ　波佐見焼」表紙イメージ。テーブルウェア・フェスティバル２０１５に出展した波佐見の１９の窯元を紹介している

丹心窯

「水晶彫とアールデコ様式の融合、カジュアルリッチの代表格」

※「カジュアルリッチ　暮らしのアトリエ　波佐見焼」(波佐見焼振興会 2015.1)より抜粋、以下同

永峰製磁

「伝統的な技術とシンプルなデザイン。新感覚の和食器が、和・洋を問わず彩ります」

利左エ門

「手仕事のぬくもりが味わいになり、モダンながらも安心感をもたらしてくれる」

正光窯

「繊細で可憐な白の世界を創り出すのは日本で唯一受け継がれる伝統技法」

中善

「毎日の食卓が楽しくなるポップでおしゃれな器たち」

清山
「二重構造の『さりげない優しさ』に心も身体もぽっかぽか」

重山陶器
「手作業で作られた器ならではのぬくもりと、使いやすさへの気遣い」

藍染窯

「独自の手法でこだわるカジュアルな世界観。ナチュラルで優しい食卓を演出します」

一真陶苑

「見た目に美しく、触れて楽しい。器づくりへのこだわりは一見の価値あり」

和山

「食卓に並ぶだけで楽しくなる絵柄と丸みのある形状。
収納性にも優れ、日常使いにピッタリな器たち」

白山陶器

「人気シリーズに新アイテムがラインナップ。柔らかで美しい、末永く愛される器の誕生です」

光玉陶苑

「多彩な技法で古典柄を現代的にアレンジ。職人の技がさえ渡る至高の逸品」

康創窯

「見て楽しく、使うほどに愛着がわく。使う場所やシチュエーションを選ばない器たち」

西山

「形や色彩だけでなく、触れた時の風合いにもこだわった器たち」

一龍陶苑

「独特の質感と立体的な絵柄が楽しい、夢あふれる器の完成」

浜陶

「和・洋、あらゆるシーンで活躍する大胆な色使いとデザイン。
大人を魅了する波佐見焼の新たな一面」

石丸陶芸

「波佐見焼ならではの印象的な藍色で和・洋・中あらゆるシーンに対応」

アイユー

「組み合わせ次第で広がる器の可能性。レースをモチーフにしたデザインが印象的な意欲作」

西海陶器

「『葉っぱ』の名の通り、器を彩る葉っぱの競演が楽しい新シリーズ」

まえがき

古河幹夫

陶磁器食器の県別の出荷額をみれば長崎県は第3位であり、波佐見《はさみ》は長崎県を代表する陶磁器産地の一つである。しかしながら知名度は随分と下のほうになる。日用食器を主に作っていて出荷額が第3位ということは、多くの家庭の食器棚のなかには波佐見焼が収まっている可能性が高いということである。知名度が低い理由として、陶磁器生産工程のうち生地や成型の段階を波佐見地区が担い、隣の佐賀県有田で生産工程の後段が行われたり、あるいは波佐見で制作された器が「有田焼」として店頭に並ぶ等の事情もあったろう。

陶磁器の産地というと、一つの窯元で職人がまず土を捏ねて型をつくり、乾燥・素焼きしたあと絵付けするといった風景を思い描く人が多いだろう。だが、波佐見は特徴の一つとして「地域内分業体制」をとっていることがある。器の生地だけを注文をうけて作る職人や、型だけを専門につくる職人。もちろん陶土の準備から器の完成まで自分のところで行う窯元もある。江戸時代から「くらわんか碗」という庶民の飯碗を大量に生産し、京都・大阪まで販売していた波佐見は、戦後の経済成長を背景に地域としての分業生産体制をとるようになった。食器をとおして庶民の食生活に与えた影響は大きく、産地としての認知度は低くても経済の発展にともない、産地も追い風を受けてきた。しかし日本人の食生活のスタイルが変化し、安価な食器が海外から輸入され、生活食器の販売が伸び悩むなか、産地として今後どのような方向をめざすのか模索が始まった。

長崎県立大学は経済学部が長崎県佐世保市に所在し、公立大学の使命として地域との連携を柱の一つにしている。私たちの教員グループがそれを担当することになったわけだが、他の陶磁器産地を視察し、地元の方々に話を伺ったり、学生たちと「陶器まつり」で調査をしたり、私たち自身が勉強しながら取り組んだ。あくまで「伴走者」であったが、地元で一丸となって努力する姿、個性溢れるリーダーの存在、外部者を広く受け入れる開放的な雰囲気など、この元気な産地に惹かれて、焼き物を中心に現状を切り拓いていこうとする人々の声をひろく伝えたいと思いいたった。

ものを作る人、職人と呼ばれる人々はどちらかというと寡黙なタイプの方が多いように思われる。彼らは土や木や布など素材を扱うさい自分だけの言葉で素材と語り合っている。素人には同じに見える素材でも実にさまざまな特徴をもっているだろうし、それを扱うときの温度、湿度、場所によって異なった姿を呈している。その素材をどのように扱えば望む姿になるのか。声なき対話のなかで自分が思いもよらなかった顔を見せることもあろう。

ものを作る人の「工房」——この言葉の響きには、姿なきものに姿形をあたえる職人の秘密技、眺めるだけの者にはまるで小学生に戻ったかのような気持ちにさせる、道具に囲まれた憧れの場所を想起させる魅力がある。人間の力によって自然界にあるものを有用物に変え、ある機能をもたせ、ある美しさを固定させる、「労働」の本源的な意味がそこにはあったはずだ。左官という今日では少なくなった仕事の日々を詩情豊かに描いた『左官礼讃』（小林澄夫著、石風社）を読むと、今ではあまり目にすることのない土塀のさまざまな表情のなかに、「左官の意図しない美意識が働いている」ことを教えられる。「たんなる美のための美意識ではなく、塗り壁という仕事の過程をリズミカルに無駄なく実現しようという思いから生じた美意識なのだ」。

現代の高度に分業化され専門化された経済活動において縮小しつつある職人的なものづくり、だが労働の手ごたえと統一性が生きているものづくり、その喜ばしさと忍耐と真剣さを、大人たちは子供たちに学校で、あるいは家庭でどれだけ伝えられているのだろうか。大学が行う産学連携は、この「つくる」こと「つかう」ことの元来の意味、それが現代社会で被る変容、その背後に横たわる考え方まで掘り進むべきではないか、という思いから、関係者へのインタビューや座談会という形式で言葉に表そうとした。

波佐見焼の発展の方向性、取るべき方策について関係者は必ずしも認識が統一されているわけではない。コアになる部分が複数存在し、それらが互いに主張しあい試みながら、活性化を進めているのである。陶磁器に関しては、大きくいうと、器の素材、機能性、そしてデザインを工夫し消費者により受け入れられる食器づくりの方向性。また、出来上がった食器を消費者にいかに届けるのか、マーケティングの問題がある。そして、器から派生して、食とのコラボレーションやインテリア用品への拡張、またセラミックス分野への展開も考えられるだろう。これらは個々の生産者や窯元が自社の戦略のもとすでに努力しているところであり、その集積が波佐見地域の特徴といえよう。

一方、「地域ブランド」という捉え方がある。県レベルでブランド化に成功している地域として、北海道、京都、沖縄があると言われる。たしかにそれぞれ強いイメージ喚起力を有している。波佐見という地域名がそのようなイメージ喚起力をもつことができるのだろうか？　波佐見焼は「特徴のないのが特徴である」などと言われたりする。大量生産の産地として美濃焼についても同様のことが言われることがある。消費者ニーズの多様性にうまく対応してきた産地ならではの悩みかもしれない。波佐見焼はブランドとして確立できるのか、どのような努力をすればそれは可能なのか、関係者はこのことについてどう思っているのか。本書はそのことを窯元やショップを訪ね、対話した記録である。

地域ブランドの確立を目指すのは、製品の販売が増大し取引価格が少しでも引き上げられる等を願ってのことではあるが、それだけではない。人口が減少し若者と子供の姿が少なくなりつつある地方で、働く場所を作りだし魅力的な地域にするにはどうしたらいいのか。多くの地域がその具体的な方策と牽引者を求めている。それぞれの地域での努力と工夫の競い合い、涙と笑いあふれる「物語」の創出、これこそ地域ブランドをめざす意味だろう。本書が地域の活性化、とりわけ伝統産業・地場産業をかかえる地域での活性化の経験交流に役立つことを願っている。

波佐見焼ブランドへの道程《みちのり》◉目次

まえがき　1

第1章　つくる

座談会　波佐見焼の現状をどう切り拓くか――児玉盛介／広田和樹／中尾善之／團　浩道／松尾一朗／岩重聡美／古河幹夫　11

産地の中にあって差別化を試みる――白山陶器㈱代表取締役社長　松尾慶一　46

カジュアルだけど高品質――重山陶器㈱専務取締役　太田幸子　60

ユーザーの要求に柔軟に対応――長谷川陶磁器工房／クラフトデザインラボ代表　長谷川武雄　68

少量多品種が特徴――陶房　青　吉村聖吾　74

物語をつくりだす――陶芸家　長瀬渉　80

もうこだわりだらけ！――㈲マルヒロ　馬場匡平　86

もっとデザイナーをひきつける――陶磁器デザイナー　阿部薫太郎　91

第2章　つかう

テーブルウェア・フェスティバルに見る消費者トレンドと波佐見焼――テーブルウェア・フェスティバルエグゼクティブプロデューサー　今田功　99

センスと食育――テーブルコーディネータ　田中ゆかり　112
食器と食文化――「分とく山」料理長　野崎洋光　119
若者に魅力の波佐見――カフェ「モンネ・ルギ・ムック」主宰　岡田浩典　125
文化薫る陶磁器産地をめざして――波佐見焼振興会会長　児玉盛介　135

第3章　つたえる

座談会　地域連携と波佐見――古河幹夫／西島博樹／谷澤　毅／岩重聡美／綱　辰幸／山口夕妃子　147
巨大窯の時代――17世紀末～19世紀前半代の波佐見窯業――波佐見町教育委員会学芸員　中野雄二　164
長崎からブランド発信――長崎県物産振興協会専務理事　元長崎県窯業技術センター所長　山本　信　178
共同体の意味と波佐見焼の継承――元NPO法人グリーン・クラフトツーリズム代表　深澤　清　195
波佐見焼生産者の動向と自治体における産地振興策――長崎県立大学経済学部教授　綱　辰幸　208
文化と芸術のある地域づくり――長崎県立大学経済学部教授　古河幹夫　234

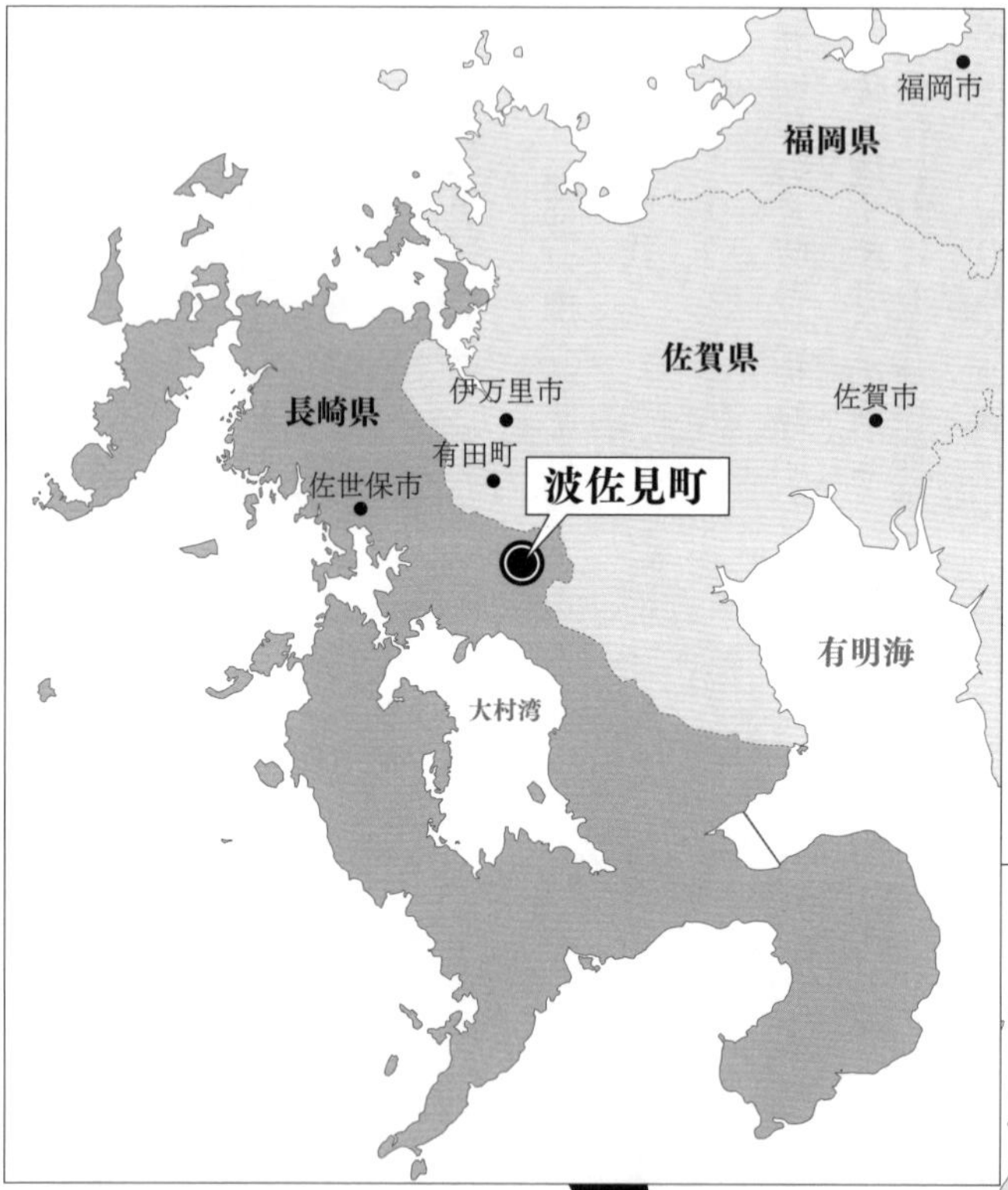

長崎県の中央部に位置する
東彼杵《そのぎ》郡波佐見《はさみ》町《ちょう》

第1章 つくる

座談会

波佐見焼の現状をどう切り拓くか

波佐見焼振興会会長（司会）　**児玉盛介**
窯元　㈱和山代表取締役　**広田和樹**
窯元　㈱中善常務　**中尾善之**
産地問屋　団陶器代表取締役　**團　浩道**
産地問屋　松尾商店代表　**松尾一朗**
長崎県立大学経済学部教授　**岩重聡美**
長崎県立大学経済学部教授　**古河幹夫**

児玉：長崎県立大学の先生方が『波佐見の挑戦——地域ブランドをめざして』（長崎県立大学産学連携チーム　長崎新聞社）という本を作ってくださいました。これを読んだら、本当によく書けている人と、まあまあ書いた人といろいろですけれども（笑）、基本的にはよくできていると思って本当にうれしかったです。その続編にあたるものを作ろうということになり、私が64〜65歳、広田和樹君、團君たちが44〜45歳、中尾君たちが32〜33歳、中堅で仕事をしている人たちに集まってもらい話を聞いてみたらいいかなと思って座談会をやろうということになりました。

責任を持ってしゃべらなければいかんということでもなく、気さくに語ってもらえたらと思います。先生の方からいろいろ質問や、途中で意見を挟んでもらうこともあるでしょう。

じゃまず、自己紹介を兼ねて、広田君のほうから。

窯元の現状

広田：この中で最年長ですけれども、窯元の株式会社和山の広田と申します。器の量をたくさん焼いているメーカーです。基本は、安いのが専門です（笑）。現状の問題点はたくさんありますね。一番大きいのは、やっぱり下請けである生地屋さんがなくなりつつあるというか、後継者がいないということでしょうか。弊社でも、強いて言えば絵付けなど技術を持っている人は年齢が上の人しかいなくて、若い人を入れようと思っても、若い人は作家志望の方が多いんです。純粋に企業の一工程を専属にやっていくという気持ちで勤めるという方が、なかなか若い人の間にいないというのが今の問題点です。

児玉：問題点の反対側として、手応えがあったというような点はどうなの？

広田：手応えとしては、波佐見焼自体が、振興会の取り組みもあり、全般的に知名度が上がってきていることです。特に若い世代のなかで波佐見焼の知名度が上がっているんじゃないかなということを最近よく感じています。

岩重：若い人のなかでというのは、全国の若い人が買おうとしているということですか。

広田：はい。

岩重：そのデザインはどういうデザインですか、従来のデザインですか、それとも現代のデザインですか。

広田：そうですね、現代風というか、シンプルモダンな感じの食器がうちとしては動いていますね。

岩重：そういうシンプルでモダンなデザインというのは、従来、波佐見におられた方がデザインを起こされているんですか。

広田：そうですね。波佐見焼って、普段から流行に合わせてチェンジしながらやってきているものなので、何にでも変化しながら対応できていくのが波佐見焼かなという感じがあるんですね。

児玉：また後で追加してもらうことにして、次に中尾君から。

中尾：同じ窯元で株式会社中善の中尾と申します。よろしくお願いします。

弊社も波佐見のなかでは、出荷量でいけば広田さんよりは落ちますけれども、中堅ぐらいの規模の窯元です。今、広田さんのほうから言われた問題点とかぶりますが、弊社の人員も含め次の世代の若い人たちにどういうふうにこの産業にかかわっていってもらえるか、というのが今一番の問題かなと思っています。

手応え、これもかぶるんですけれども、自分がこの産地に帰ってきて、仕事に従事してからまだ9年ですが、始めたころは、焼物としては有田焼が最初に名前が出て、波佐見焼はというと、ほとんどの方がぴんと来ない感じでした。しかし最近では波佐見焼を求めて買いに来られる方も徐々に増えてきて、東京のほうの催事でも認知度が上がってきつつあるのはすごく感じています。

古河：窯元さんとして、5年先でも10年先でもいいのですが、将来どういう姿にしてみたいとか、将来像のようものがありますか。

広田：実は現状を引っ張っていくのがもう精一杯のところです。とにかく、弊社もそうですけれども、本当に波佐見の産業構造というか、そこに若い人たちがもうちょっと入ってくれて、将来につながるような体制ができてくれないかなと思うんですよね。

岩重：入ってくるのは必ずしも地元の人じゃなくてもいいんですか。他から来ても全然問題ない？

広田：他から来ても全然大丈夫だと思うのです。でも、この土地で波佐見焼として頑張ってもらうのがいいですね。生地屋さんの技術というと、本当にもうなくなる寸前になりかけているのかなと思うんです。だから、まだ存在しているうちに何かしなければと。それはつくづく思いながらも行動できない状態です。

児玉：中尾君はどう思う。

中尾：そうですね、外注先の生地屋さんは今すごく数が減ってきていて、受注の仕事はあるのに生地が足りないばっかりに、その仕事が受けれないようなことも出始めてきています。もう本当に早く何とかしていかなければいけない現状なのですが、どうしても外注先なので、私たちはこういうふうにしたい、こうやっていきたいと思いつつも最近はすごく限界を感じています。できることならば、これからは、すべてとは言わなくても、製造を自社で完結できるようなスタイルになっていけたらなと思っています。

古河：生地屋さんが下請けという言葉がでましたけれども、やっぱり同じ時間ぐらい働いても、付加価値といいますか、儲けの部分でどうしてもやっぱり生地屋さんのほうがちょっと少ないということがあるのですか？

中尾：ええ、やっぱりあると思いますね。

児玉：その生地屋さんの下請け工賃みたいなのが今のところ低いのでしょうが、少し上がり気味になりつつありますか？

中尾：そうですね。今回、ちょっと値上げ問題になっていて。

児玉：普通の労働時間、つまり8時間プラス2時間ぐらい残業して、1カ月25日を通常に働いて、概算で今の生地屋さんではどのくらいの収入になっているのかな？　詳しくはちょっと言いにくいだろうから、自分の感覚でざっとでいいので。

中尾：自分が思っているところですか。機械成型の生地屋さんで8時間で７０００〜８０００円のところですね。大体皆さん、よく気張らす（頑張れる）ところは、一日10時間でも気張ったりもされますので。

児玉：そしたら一日1万円っていうことか。

中尾：そうですね。鋳込み屋さんが５０００円ぐらいでしょうか。

児玉：一日５０００円ぐらいとすると、8時間で時間給に直したら６００円から６５０円ということじゃないの。現状としてそういう感じですか。

中尾：そうですね、そのくらいですかね。夫婦二人でやられている生地屋さんと、人を雇ってやられている生地屋さんで多少違ってくる部分はあると思いますけれども、大体そのくらいかなと。

児玉：はい、わかりました。じゃあ今度は売るほうに聞いてみましょうか。売るほうの現状と問題点。自分で思う範囲でいいですから。

流通の現状

團：産地問屋をやっております団陶器の團です。よろしくお願いいたします。

わたしたちは一応は産地問屋ということで、消費地問屋さん、または専門店さんのほうに波佐見焼を売り込みに行っているような現状です。今この焼物が市場の変化もあり、また当社の力不足のためかもしれませんが、なかなか売れないというのが現状で、どうしたら売れるかということを考えながら日々やっている状態です。

　自分が百貨店さんを担当しているなかで感じていることですが、百貨店での商品の選定と、消費地問屋での選定というフィルターが2回もあるので、本当に消費者が求めているものが流れているのかどうかなと思います。なかなか物が売れない現状ですから、その辺がちょっとどうなのかなという感じがしております。

　ですから、今後、自分がどういう形で行きたいかと言えば、こういう問題点を打破するためにも、消費者と直結した流通チャネルができるかどうかというあたりを模索できればなと思っています。一部波佐見の商社でやっているところもありますので、そういう形になれば本当の消費者の声がこちらのほうに直《じか》に入ってきて、波佐見の特徴である使い勝手のいい形とか機能性のある食器が作れて、いい方向に行くんじゃないかなというふうに思っているんですけれども。

児玉：将来は、どっちかというと、もう少し消費者に近いほうに。

團：やはりそっちのほうに方向をとるべきじゃないかな。消費者の声が、フィルターを通すことで、本当に伝わっているのかなという感じもしますので、そっちのほうを少し模索していったほうが近道じゃないかと思います。製品を使うのは、あくまでも消費者ですから。

岩重：波佐見の問屋さんのなかで消費者と直結した流通チャネルを持っているところもあるのですか。

團：問屋さんが介在してはいるのですけれども、直《ちょく》で、専門店さんで展示できる、とにかく作ったものをそのまま消費者に見せれる形が一番強みかなと思います。

児玉：その点に関しては、今までは窯元があって、産地問屋があって、消費地問屋があって、百貨店があってと、流通が4段階か5段階になっていたんですが、いろんな形ができつつあるということだな。松尾君のところなど、ちょっと違う考えを持っているかもしれないから、また後でそういう点が議論になるでしょう。じゃ、松尾君。

松尾：有限会社松尾商店の代表の松尾です。うちは7～8人でやっている本当に小さい商社なので、ここに呼ばれて話すのは、ちょっとおこがましいのですが、祖父の代に業務用から始まった商社です。私は3代目です。父の代になって専門店とかデパートとかの卸問屋になって、私が14～15年前にこの仕事を継ぐようになりました。父の後、10年ちょっとお得意さんを回っていたんですが、お店の後継者がいないとか、お得意さんの専門店も問屋もなくなったりして、私の会社も衰退していくみたいな雰囲気がでてきました。そこで3年半ほど前に、現状を打破しなきゃいけない、父のやっていたことから脱却するにはどうしたらいいのかと考え始めました。

自分のところは小さい会社なので、産地商社としての存在意義があるのかなとか、マイナスのことばかり十数年考えていました。将来もあまり見えない状態だったんですけれども、せっかくだから存在意義を見出したいというので、まずマーケティングをしたんですね。行くところ行くところで、「売れているものは何ですか」と聞いたんですが、反応としては素っ気無く「ない！」みたいな。そんなやりとりをずっとやっていく過程で、注文されたものを指定されたメーカーに作ってもらって持っていく配送業者みたいな形で、仕事のやりがいが見えない、将来も考えられないような状態が続いていました。そして3年ほど前から私の会社も、今まで働いていた人が定年などで少なくなって、5人以下ぐらいになったときに、少しインターネットのほうで直売を始めたんです。そもそも売れるものが分からないし、現状のお客さんに対しても、今までずっとお世話になっていたにもかかわらず売れるものを提供できないという申し訳なさがあって、マーケティングも兼ねてまずちょっとやってみようということで、3年半ほど前から始めたわけなんです。

それで分かったことが何点かありました。和食器を買う人は50代、60代と決めつけていたところがあり、それに向けた商品を作れば何とか売れるというのがあったんですけれど、意外にも食器を買う若い世代というのが沢山いて、その若い世代が和食器に全く魅力を感じていない。今、北欧の食器とか洋食器がインターネットのなかでは和食器の5～6倍は売れるんです。インターネットのやりとりのなかでは本当に大きい市場があって、洋食器がものすごく売れているんです。そして、その購入者というのは、30代、40代、若いお母さんたちを中心に幅広くいらして、ものすごく流通量があるというのが分かりました。そのなかに波佐見焼の特徴である、時代に合わせて変わり身ができる産地という点を考慮しつつ、十数年、東京を中心に回りながら、なぜ売れないのかと考えていました。商品の形、絵柄、技術など世界に誇れるものがあって、特に日本人向けに作っている食器であるし、今売れている洋食器と比較しても負けていないのに、向こうの欧米人向けに作っている洋食器が日本で受け入れられるというのは、きっと消費者が知らないからだと。自分の存在意義というか、うちの会社の意義というのは、マーケティングした結果を産地に落とし込むというか、ここにいらっしゃるメーカーさんたちに伝えて、そして、でき上がった商品を、今、洋食器を買っている方にいかに買わせるのかというのが、まだ3年半ですけれども形として少し見えてきたような気がします。

するると、「こんなの知らなかった!」という声があって結構喜ばれる。インターネットで商売するとレビューというのがあります。あれもいいことばかり書かれるわけではないのですが、そこにすごいヒントというか、答えというか、今まで見えなかった問題点というのも出ています。１００人中一人の意見であることも多いのですが、それを無視しないで、ちゃんと答えを出すというか、真剣に見ていくと自分なりの答えがある。それをやっていると、どんどん波佐見焼の可能性が広がるというか、こうやって若い方もいらっしゃるので、一緒になって盛り立てていけるのではないかと思います。

今までは「これは売れる」という決めつけが結構多くて、もちろん実績があっての決めつけなんですけれども、今まで目を向けていなかったような いい商品、産地に埋れていた商品というのが、意外とこれからいけるのかなと感じてやっています。

児玉：松尾君は今幾つだい？　34か35か。

松尾：いや、もう41です。

児玉：もう40になったか。いつまでも小さいときの印象しかないので（笑）。松尾君の場合、お父さんは僕と同じ世代ではなくちょっと上で、お父さんはもう80近くなって、何年か前から松尾君が中心になるようになった。さっき團君が言うようないろんな市場がどんどん展開している。私は20年ぐらい前まで東京で商売していたんですが、１０００軒あった得意先で残っているのは１００軒もないですかね。１割だ。そのときの取引先で名前が同じところがもう10分の1。だから、松尾君のところだって、あるけれどもほとんど売れないとか、売っていないという既存の流通チャネルはそういうふうになっている。そのかわり、ダイレクトマーケティングであったり、産直であったり、今までと違うビジネスのところが成長してきたというか、そういうところで焼物が使われるようになったというような現状があるんですね。

松尾：卸しをやめたわけではありません（笑）。よく勘違いされるんですけれども。

児玉：卸しをやめたわけじゃないというのは当然そうなんですけれど、ここみたいにうまく次への世代交代ができたところは、やっぱり新しいジャンルの商品を扱われている。それができなかったら、お店は構えているけれど食器はあんまり扱っていないというふうに、流通のほうは非常に変わったという感じがしますね。

先生方から何か質問があれば。

岩重：大学で授業中には分かったようなことを学生に言っているんですけど、今みたいに生《なま》のお話を聞くと、ああ、そういうことだったんだなと思います。メーカー側のほうのご意見は、売上げということよりも次世代の人材の育成を整えたいという趣旨だったような気がします。そのために重要なことは、賃金の面も含めて今ある労働環境よりも向上させないといけない。一方、こちらの問屋さんのほうの話を聞くと、メーカーから消費者へつなぐ役目ですね、その消費者の声をこっちに活かしたい、あるいは、こっちで作ったものをうまく消費者につなげたいけれども、そこのところがいまいちうまくいかないというか、もともと消費者というのは移り気ですからものすごく身勝手なものなんですけれども、その部分ですごく努力をされているということがよく分かりました。

そして、直結型の新たな流通チャネルの形成を試みるということと、それとまた、マーケティングですね、これは昔ながらのマーケティングの手法も一つなんですが、消費者に耳を傾けて消費者のニーズを拾い上げるということです。卸屋さんがこんなに苦しんでおられるというのを、私、初めて知りました。

児玉：卸屋は今ものすごく厳しいでしょう。波佐見焼全体がそうなんですが、大体、売上げが流通の段階で1800億円ぐらいあったのが、今は350億円ぐらいですかね。和食器、洋食器、ガラス食器、いわゆる家庭用のテーブルウェア全体の市場規模が大体4分の1から5分の1になったというところが現状です。

岩重：波佐見の中でも、もう既に問屋をやめておられるところも多いのでしょうか?

児玉：窯元も問屋も、やめたというよりも、閉鎖したところは波佐見で何カ所かありますけど、基本的には規模を縮小しながら継続している。だって、ほかに行くところがないからですよ。そこをレストランにするか、アパートにするか、大都市だったら他の需要があるけれども、ここらあたりの土地代だとか需要というのが、かつては10万円だったのが今では1万円ですから、工場なんかはただに近いというように、もうほとんど不動産の価値がない。ほかに転用ができないから、給料が200万ぐらいだったら続けてやっている。退職した人は年金を注ぎ込みながらただ営業を続けているというのが現状だと思います。

だから、年金でもらったお金を会社に注ぎ込むというのが当たり前みたいなもので、おかしいけどそれが普通なんですよね。そういうのが地場産業の現状じゃないかな。

そのなかにあって、3年くらい前から、松尾君みたいに自分の形というのを見出してきたところが幾つか、波佐見の中で出てきつつある。團君のところも、ちょっと大きな規模で流通に乗せてやっていた商売がよく見えなくて、こっちはもう行くところまで行ったから自分でやるしかないから自分で切り拓いたところがあって、まだ流通が生きている。うちの西海陶器なんかも、今までの流通経路は半分は生きていて、半分は死んでしまったから、半分は一緒でやっているけれども、半分はもう違うことをやっているという状況ですね。何かつけ加えることがあれば。

團：本当にそういう形ですよ。あくまでもうちら産地問屋はメーカーが作ったものを流すわけです。でも、その先の方が詰まっているとメーカーにも注文を入れられないという形になりますので、とにかくマーケットそのものを広げないことには、この波佐見町が潤わないという構造になっています。

児玉：だから、松尾君のようにインターネットを使ったりとか、和食器でもない、洋食器でもない、今のライフスタイルにあった食器を新しい消費者に供給するようなところはいろんな形で可能性が大きくなっている。他方でメーカー側は純然たる和食器みたいなものを作って、また同時にそういう新しい商品も作るわけですから、従来型のほうがあんまり売れなくても、新しい側の商品の幅が少しずつできつつあるようなところで、ここ1～2年展開がみられる。

岩重：やっぱり問屋さんのほうから、今の消費者はこういうのが好みですよとか、メーカーのほうにフィードバックされて、消費者のニーズに合ったのを作られるというような体制ができているのでしょうか？

児玉：松尾君が説明してくれたように、インターネットを使って、若い世代が試みつつあるところや一歩踏み出したところは、幾らかメーカー側にフィードバックする形ができつつあるかなと思う。それで全部食えるわけじゃないんですけれど、できつつあるかなと。

松尾：基本的にもう以前からそういう形ですね。売れているものをメーカーのほうに言って落とし込むという流れは以前からあったんですけれども。

児玉：その売れているという商品のジャンルというか、商品のデザインとか雰囲気というのが、君がさっきいみじくも言ったように、50歳、60歳にも売れると思っていたわけだ。

松尾：ええ、なかなか感覚が分からなくて。買われるのは女性なんですけれど、50代、60代のおばさんの気持ちよりも若い人の気持ちのほうが何となく分かるという。これは自分たち世代の感覚ですから。だからもう世代のギャップがものすごいですね。

消費者の顔

岩重：消費者の像が見えないのに何を売ったらいいんやろうかと思いますよね。

児玉：過去の陶器市のときに、波佐見焼のありとあらゆるものをいっぱい売っていました。「くらわん館」の前の駐車場のところに、「暮らしの器」だと宣伝する。4~5年、ずっとやっているけれども器が全然売れなかったんですよ。売上げが全然上がらない。しようがないから、ただ「カジュアルリッチ」というのだけ言ったわけです。そのコンセプトで売れと。そしたら、その言葉だけで去年の3~5倍売れた。そこには「一切値引きをするな」と、値引きできないような仕組みにしたわけです。売れないから販売員もつけられないので、POSレジ（販売時点情報管理機能を備えたレジ）でしかできなかったんです。そして、「値引きしてくれ」と言われても、「ここは値引きできません」と答える。値引きしてほしい人は向こうに行けというような意味です。そういう仕組みをつくったら、もう全然違う。

だから、そういうたぐいの消費者がここ波佐見の陶器市にもいっぱい来ているわけです。ただ、作り手は市場がよく分からない。松尾君が言っているような層の人というのが片方にはいっぱいいる、というあたりを見ていくような仕組みがまだできていない。

東京ドームで波佐見焼というコーナーを出して10年ぐらいになりますけれど、今年強く意識したのは、波佐見が一番得意だった飯碗とか湯飲みは東京ドームでは一切売らないということです。売らないというか、作っていないというか、出していないというか、もうそういう流れになっている。実際、産地としては、８割〜９割そういうのを作っているけれども、東京ドームで出すときは先行的なチャレンジの場所として使っていますから。長崎県のブースは、ゼロとは言わないけれども、波佐見で８割作っている飯碗とか湯飲みは出さないと。

広田：うちも東京ドームでは「くらわんか」という名前で並べているんです。でも、飯茶碗のかたちで売りにいっていないですもんね。「くらわんか」という、そのシンボル的な名前をだしているのです。

児玉：波佐見では飯碗のことを「くらわんか」と呼んでいたけれど、ご飯を食べる茶碗とはニュアンスが違うわけですよ。

松尾：うちも飯碗、コップを中心に以前売っていたんですが、今扱っているのは１割あるかないかですね。売れるものをずっとセレクトしていくと、飯碗は入らないというか……。

岩重：何が売れるんですか。

松尾：お皿ですね。お皿もサイズ感がいろいろあるんですけれども。

児玉：要するに、今の人たちは御飯を皿に盛るようになったじゃないですか。飯は食うんですけれど、感覚の相違が今でてきている。どっちがいいとか悪いとかじゃなくて、そういう経験をずっとしているなかで、産地としての商品が過渡期にあるかなというふうな思いがしています。だから、今までの問屋さんも、飯碗や湯飲み、急須も作りつつ、片方では……。東京に玉川高島屋ってあるんですが、そこで売り出したらほとんど売れないんですよ。ところがその前にあるショッピングモールみたいなところの軒下だけでやったら、そこの5倍から10倍売れる。だって、こっちにはもう60歳以上のおばちゃんしか来ない。高島屋のあの一番高級なところにはもう来ないんだから。同じ商品を持っていって並べても、従来のコンセプトの波佐見焼なんて高島屋では全然売れないですよ。がっかりするぐらい。

岩重：そうですか。

児玉：波佐見焼の宣伝のために県と一緒になって、販売促進活動をずっとやってきました。しかし経費を使った分の売上げもでないという感じですね。100万円使って100万円売れればいいところで、さっきの松尾君の言葉を借りると、そういう市場はもう終わったということ。私たちが作ってきた製品は生活の器ですから、そういうおばちゃんたちは自宅にいっぱい持っているんですよ。だからもう買わなくてもいいというふうになっている。

松尾：市場が移り変わっているというのは実感します。昔は駅前の商店街を中心にしていたのが、百貨店に移って、次に量販店に移っていって、これからは、今やっているインターネットという市場が同業者であり、お客さんでもある。インターネットというのは仮想空間でお店を作るわけなので幾らでもお店を大きくできるんですよ。幾らでも商品を押し込める。実店舗だと、決まった坪数の中に入れ込んで、売れなくなったら当然外されていくので、そこの中に入れ込むという決まりのなかでやらなければいけない。しかし、インターネットの市場というのは、最初は小さいお店かもしれないけれども、次の年には何倍にも大きくなれるという可能性があるので、最近は何年かそこに卸している。同じ同業者でもあり、ライバルでもあるんですけれども、仕組みとしてどういうものを要求しているのか、そこで売るにはどういうふうにしたらいいのかを知ることができたというのがありますね。

洋食器の例をあげましたが、具体的に言うと、どんぶりって洋食器にはないんですが、日本人はどんぶりを絶対に使うので、今流行りの洋食器を使っている人に提案すれば違和感のないどんぶりだったら売れるのかなとか、そういうことを考えたりしますね。ほかにも、和食器にあって洋食器にないもの、一緒に合わせても違和感がないみたいなものを探しています。

岩重：じゃ、あんまり伝統的な焼物って売れないんですか。

松尾：いや、売れないことはないです。売れないものはないです。自分が何を選んでいるのかです。自分の場合は、何でも売るのでは、インターネットの中や産地の中で存在意義が見出せないという思いがあります。

児玉：でも、ライフスタイルが変わっているから、例えば花瓶が今まで通り売れるかといったら、まず売れないでしょう。

岩重：そうでしょうね。

児玉：もちろん皆無じゃないですよ。農家の人が家を建てたときに新築祝いにと求めに来るのはあるんですよ。ですから、ゼロじゃないんです。昔は、家を新築したときに有田焼のこういう花瓶だとか、香蘭社の花瓶とかをみんなプレゼントしたり、持って行ったじゃないですか。もう今はあんなのを持っていく人はいないから、在庫品はいっぱいあるけれども、まず売れないというのに近いぐらいになってきた。

作り手の矜持《きょうじ》

岩重：日本のそういう陶器というのは、芸術性にしても実用性にしても、やっぱり私は素晴らしいものがあると思うんですね。そこら辺で作り手としてジレンマを感じませんか。消費者が欲しがるものだけを供給しているというのは、それはそれで理屈は成り立つと思いますが、それは一つのやり方（にすぎない）と思うのです。それとまた別の枠で、自分が持っている職人魂ようなもので従来的なものを作って、消費者に、「これはどうだ」という姿勢がないのかなと、思ったりもするんです。やっぱり今の消費者のニーズに引っ張られることが大半で、伝統的なそういうものを作りたいというような欲求はあんまりないものなんでしょうか？

團：うちらの気持ちから言うと、ある程度の量は頑張って売ろうかなと思っています。ただ、量は流通させられなくても、こだわって商品を売りたいですね。こだわりのなかで、意外と世の中の動きに合わせた商品になってしまうんですが。

松尾：波佐見の個性は100年前からその時代に合わせてきたことでしょう。三川内《みかわち》焼とか、有田焼とか、伊万里焼とかいろんな産地があるんですけれども、いずれもどこかの藩の献上品とか、後ろ楯があって伝統が今も残っているという側面があると思うんですが、波佐見は後ろ楯が特になくて400年残っているという特殊な産地だと思っています。誰かに守られていたわけではなく、自分たちで守ってきたと。

岩重：そうすると、やっぱり消費者を見るしかない。面白いなと思うのは、作り手側のほうも、流通関係のほうも一つの共通項が、変化しながら対応していくとか、求められるものをどんどん作っていくとか、時代に合わせる力があるとか、今様の言葉で言うと消費者ニーズに合わせているということです。そこは、三川内焼などと大いに違うところで、やっぱりそれは、後ろ楯がないのか、あるいは……。

広田：変なプライドもないし（笑）。

松尾：買って使ってもらえばうれしいやぐらいの感じで、きっとやっていると思います。

岩重：ということは、さっきも言ったんですけれども、ほかの地域から職人さんが入ってきても全然抵抗はない。

広田：今は全然ないです。

松尾：波佐見って何ですかって、よく聞かれますけれども、特長がないのが波佐見焼……。

児玉：岩重先生が今言われたような質問ですが、私たちは作るほうじゃないから、もう、そんな売れないものを作れるものかと思うわけですね。それは当たり前というか、商売ですからね。でも、作る側はまたちょっと違って、どこかにこだわりがあるかなと思います。そのあたりを、作っている人で、今日ここにいるのとちょっと違うタイプの人にも聞いてみたいなというのはありますね。

岩重：波佐見との産学連携に取り組んで感じたことなのですが、本当に波佐見の人たちって自分たちが作る焼物に変な欲がないですよね。どうもほかの窯元と比べて、こうしなきゃいけないとか、プライドがすごく高いとか、閉鎖的なところがないような感じがする。

児玉：今日は、どちらかというとこだわり欲のない系の人に来てもらってますが、もうちょっとこだわり系の人に来てもらったら、きっと話の展開が違うかなという思いはあるんですよ。今日は、どちらかというと、波佐見の現状の中で何とか打破していこうというタイプの人に来てもらったわけで、いや、そうじゃないんだ、何と言ったってこれを守り抜くんだという感じの人もいないことはないんです。そういう人に話を聞くと、また少し違う意見も出るかなと思います。

岩重：どうなんでしょうね。

児玉：そうなんですよ。でも、ここ波佐見には時代とともに変わっていこうという人がいるんだが、我々とは違って、有田だったら「有田焼じゃないじゃないか」とか「九谷焼じゃないじゃないか」とかいうように、伝統に固執される方が大勢おられることは知っています。他の産地はそれぞれ考えもあるだろうし、それに対して私はどうのこうの言わないけれど、波佐見は自分たちで道を切り拓かなければならない。

岩重：産学連携事業に取り組んで一番最初にいただいた話が波佐見だったんですよね。その後、同類の連携事業で三川内に行ったりしました。そしたら、三川内は伝統という点で頑固やし、よく言えば職人魂という感じなんですけれどもね。波佐見と三川内はほとんど隣なのに何でこんなに違うんだろうっていつも思ってたんですが、今日お話を聞いて分かりました。

職人の工夫を評価する

古河：いままでの話で、消費者ニーズをしっかり追いかけて、それに対応した形にしなければいけないということがもし基本だったら、それに対応し切れていないメーカーとか窯元とか、あるいは流通業者も含めて、やっぱり変わらなければいけないでしょうね。ところが、波佐見は果たして市場のニーズだけを追いかけているかというと、そうじゃなくて、例えば今、波佐見で共通に言われているのが「良質なカジュアル」ですね。そうすると、比較的若い世代がその良質なカジュアルというイメージを求めるなかに、何かいい意味の手応えみたいなものがあるんじゃないか。例えば、職人がちょっと工夫すると言われたでしょう。これに関連して面白かったのは、去年中国の清華大学という非常に立派な大学の先生が県立大学に来られたとき、中国にない日本の良さが二つあると言われた。その一つが、日本の場合、職人がそれぞれ工夫をすると。じゃ、中国はというと、中国にものすごく技術の高い人はいっぱいいるんですよ。細かい細工ができるとか、絵もすごい。しかし指示を出す偉い人がいて、職人は大体言われたとおりやるらしい。ところが、日本の場合には、一人一人の職人さんがいろいろ工夫しながら、考えながらやる。それから、もう一つは、農村の良さだと。中国の場合、我々が日本から見ても農村は結構大変でしょう。みんな食べられないから、大挙して都市部に出稼ぎに行くわけですから。出稼ぎそのものは日本にも一部ありましたけれども、中国に比べれば日本の農村は美しいし、そこでいろいろな生活が成り立っていると言われるわけです。

その二つのことと先ほど申し上げた良質なカジュアルというものを結びつけて考えると、ありきたりな言い方かもしれないだけれど、やはり仕事をする喜びとか、いい物を作りたい、なるべく多くの人にそういう喜びを伝えたいという、表立っては主張しないけれども、そういうものがあるんじゃないか。そうすると、波佐見焼について、伝統がないと言えば伝統はないんだけど、それはある様式とか、柄や色について統一したものが無いということで、より安価なものを大量生産で作ってきたということなんですよ。その波佐見焼の精神が支持されるのは、別の角度で見れば、それが伝統なんですよ。その波佐見焼の精神が支持される割合がちょっと広がりつつあるのではないか。

消費者と産地を結びつける雑誌系の人とかクリエーターとか、そういう人たちが今この波佐見を産地として注目しているのは、何かがそこにあるような気がするんです。

児玉：さっき、例えば生地屋さんとか、型屋さんとか、そういう人たちの後継者がいなくなって、なくなりつつあるという話がいっぱい出されましたけれども、伝統工芸的な仕事をする人を、経済産業省が伝統工芸の職人として認定してますね。それと仕事の喜びを追求する上質な職人をつくるのはちょっと違う。あれは、轆轤《ろくろ》の名人ですとか非常に凝った、何か技能的に違うところを認定している。もっと名もない生地屋さんたちを職人として社会的な地位等を国が認めるような制度に変わっていくならば、良質なカジュアルの商品が生み出されてくるのですが。

こういう地場産業に我々が従事しているのは、価格は極端に高くなくていいけれども、ちゃんとした製品を日本の伝統文化のなかにきちんと位置づけたいからなんです。それを何か、とても上の名人級の職人をそういうことで認定している。そしてその人たちも勘違いして、きれいな絵をきちんと描くわけですよ。でもマーケットはそんなことは少しも話題にしなくて、例えば転写の技術だとか、パット印刷の技術だとか、細かい技術は発展するわけです。

でも、今人々が求めているのは、そういうものとは違う。僕が思うに次の時代の職人を育てるのに一番大事なことは、仕事の喜びというか、その人たちがどうプライドを持つかということ。普通の技術なんだけれども、これは日本の文化として大事なんだということをどうやって本人に理解させるか――本人がこんなものはどうでもいいと思っているから息子がやらないわけですから、どうやってこの精神を持たせるかというのが、今の波佐見焼振興会としての使命だと思っていろいろ発言しているんです。

自社の職人さんにもっとプライドを持たせるような仕組みをどうやってつくっていくのか、そういう制度を波佐見としては持ちたいなと思う。

それで、この前、大して売れなかったにしても、生地屋さんたちに植木鉢を作らせたわけです。なぜ植木鉢を作ったかというと、あれは窯元の仕事じゃないから。その職人さんにプライドを持たせるようなものと思ってそうしたわけです。

生産者が次の世代の若い人をどう育てるかというときに、良質なカジュアルと仕事の喜び、手作業の喜びみたいなところを重視しなければいけない。もちろん三川内焼のような名人じゃないのですが、物づくりの喜びを持たせるような仕組みを作らなければいけない。そうすると、たぶんインターネットのなかで、波佐見では無名の職人だけれどもこういう者がいますよと、ちゃんと紹介したりすると、普通だったら、飯碗は500円ぐらいで売るけれども、1500円か2000円ぐらいで売れる。すると、岩重さんみたいな高給とりでお金のある、リッチな層を狙っていける（笑）。

岩重：いや、今週は土日まで働きました。本当にもう労働者です（笑）。

児玉：カジュアルリッチ層を狙うためには、先生が言われた仕事に喜びを感じているような商品をどうやって作って、それをちゃんとした波佐見焼として市場に出すかというのがポイントで、振興会としての目標かなと思います。今までは掛け率とかで、安くしろとか、値切れとか、ずっと手を抜けという話だったからね。生地屋さんなどに値切っていくしかないという仕組みのなかで、今まで我々は商売してきた。そうしたら何でも悪くなるわけだ。

波佐見焼の生地は、やっぱり昭和の初めころ作ったやつが最もいい。それはもう全然違う。今はそういう職人がいない。波佐見の歴史をご存じかどうか知らないけれども、最初のころはいいんですが、だんだん手を抜いてくる。1660～1670年にできたのと江戸時代の後半にできたやつを比べると、一番最初にできたのは全部いいんですよ。それがずっと大量生産して、手を抜いて簡素化して、そういう歴史を繰り返してきている。

だから、ここに来て、極端な言い方はしないけれども、もうこれ以下じゃ売らないというように変わっていかないと。松尾君のところは5掛け（＝50％）でしか売らんとかってやっているの？

松尾：やっていますよ。掛け率は大小問わず決めました。

児玉：もうそれでしか売らないというわけだ。㈱マルヒロさんのところも6掛けでしか売らないと言っている。

松尾：どうしてもメーカーのほうにしわ寄せがいってしまうというか、（納品単価切り下げを）お願いすることになるので。

児玉：うちの息子たちがやっているのも、絶対掛け率はこれでしか売らんという流れですよ。売らないということは、流通について市場に対して主張するのと同じなんです。そういう流れが少しできてきたのが、今の新しい流通業界。どうなるか知らないけれども、私はそう思っているんです。たぶん彼らの世代、30代の世代はそうなるかなと私は思っているわけ。そうなったら、手仕事の喜びだとか良質なカジュアルの製品作りを維持できるかなと。そして、職人さんの時給600円から1000円ぐらいの会社がもう少しよくなって、月給25万、年収300万ぐらいにならないと。今、我々の業界で働いている人は、基本的にボーナスはなくて、大体年収150万円か200万円というところだから、そんなところがもうちょっと上がるかなと。本当に町役場の3分の1、大学教員の何分の1しかもらっていないというのが現状なんだから（笑）。

岩重：波佐見の職人さんで、自分の作品というか、大量生産であっても自分でつくり出したものに対してプライドを持てるという場面はやっぱり少ないですか。

児玉：職人のなかでね、今は少しできてきたんじゃないの。
広田：その辺は出てきているると思います。結構、職人さんの姿がメディアに取り上げられたりしていますね。
岩重：でも最近、何であんなにメディアに出るんですか。波佐見焼ってよく出ますよね。
児玉：それはいろんな角度から言えるんだけれども、それこそ日本中の他の産地が時代の変化に対応できないんですよ。
岩重：じゃあ、やっぱりここ（波佐見）は小回りがきくんですかね。

自由な発想

岩重：やっぱり自由なんでしょうね。
児玉：ええ。それで、取材の人や旅行客が有田を訪ねて、柿右衛門とか今右衛門に行って、「僕はサラダを食べたいから、サラダの器作ってくれ」って言っても、そんなものは絶対受け入れてくれない。一方ここでは、「うん、分かりました。何とかしてみましょう」と言って、それなりの立場の人がそれに向かってやろうとする。そしたら、例えば雑誌社の人とか、イタリアン料理のシェフとか、そういう人たちは、何か食器の面白いのを探そうというと、「波佐見に行こう」みたいなものですよ。
岩重：じゃ、ここに来ると自分たちの願いもかなえてもらえるという雰囲気があるんでしょうね。
児玉：そういうのがあるんですよ。
岩重：もう一つ言うと、コストもそんなに高くない。それは実のところ大きいですよね。
児玉：そう。それが結構あるから雑誌社が来る。ほかの産地を見ていて、例えば織部焼を作っているところに対して、「おまえたちは何百年もこれしか作らないのか」と思う。そうは言わないけれども、大体、九谷焼だったら九谷焼しか作らないじゃないですか。京都でも京焼しか作らない。瀬戸は他のものも作るけれども、本当にこれで大丈夫かなと思うぐらい考え方が保守的というか。
松尾：波佐見ですべての産地の焼き物を作れます

よね。
児玉：そういうこと。
岩重：「なんちゃって」みたいにして？
松尾：いや、「なんちゃって」という訳ではないんですが、そのニーズに合うように作れますね。
児玉：そう、作れます。
岩重：臨機応変ね。
児玉：臨機応変っていうか、何て言うか知らないけれども。何でもできる。たとえば京都だったら京焼の修行に行った波佐見の職人が京焼みたいな雰囲気のやつを作れる。ただ、波佐見焼は何だというときにはかえって困るわけですよ。
岩重：ああ、逆にね。
児玉：県の副知事の石塚さんから言われたことがあります。波佐見を東京ドームに出すときに、「三川内は三川内焼みたいにしているじゃないか。有田は有田焼みたいにしているじゃないか。波佐見は波佐見焼みたいにしてくれ」と私に言うわけです。そうしないと、これが波佐見焼だといって売りにくいと。コンセプトを一つか二つにまとめて東京ドームに出してくれと言うわけですよ。そこで、もうちょっと時間くれと言って、そこで「振り向けば違うというのが波佐見焼だ」とまとめたわけ。そしたら、東京ドーム会場の波佐見焼コーナーに20社ぐらいみんなが出したとき、一つ一つ違うのを出せたわけです。京焼風なのもあれば九谷焼風のものもあるし、砥部《とべ》焼風のも出しているから、県の人は、どれがどれか訳が分からなくて困惑した。
岩重：ばらばらだから（笑）。
児玉：ええ、一つか二つのコンセプトでまとめてくれというのが2～3年前の県の要求で。県庁の人も、部長とか課長とか部下がいるけれども、上の人が言ったら下の人も全部口をそろえて、「何とかしてくれないと予算がつかない」といって説得にかかるわけです。それで、この調子でいったら波佐見焼の特徴がなくなると思って、「俺が直接副知事に話をするから時間をつくれ」と言ってね、窯元の皆に東京ドームに来てもらって、「一人一人自分の思いしっかりと言え」と。それをやったのが2~3年前です。

古河：消費の世界での大きな変化をそれぞれ感じておられると思うんです。例えば日本の和食が世界無形文化遺産に指定されたり、日本のアニメ等も世界に随分ファンが増えつつある等、そういうなかで、じゃあ、彼らが日本人の生活スタイルのどこがいいと思っているのか。

波佐見についても、ある種追い風が吹いている面もあると思うんです。それを、ここ何年かで、コンセプトというか、あるいは地域としての物語だと思うのですけど、積極的にいい点はいい点として世間にアピールしていくことが必要だと思うんですが。

児玉：雑誌社の人たちが、最近訪問されることが多くなり、結構波佐見の本質を見てくれますね。この前、NHKの女性が一週間ばかり来たが、あの人たちは、波佐見の本質的なものについて、ずっといろんな人にインタビューして回ったり、やっぱりプロだなと思いました。この『波佐見の挑戦』もずっと読ませてもらって、皆さん方はそういうものを捉えてくださるなというふうな思いはしますね。

ただ、今度は流通関係の人が、波佐見の本質を捉えて、いかに消費者に伝えるのか。松尾君は、それを自分のインターネットの中でやっている。我々は、さっき言ったように、産地の問屋があって、消費者の問屋があって、百貨店があってというなかで、波佐見が持っている特質をちゃんと消費者に伝えなきゃいかん。これはまだなかなか。

古河：そうですね。素人の目から見て、例えばコーヒー茶碗のカップのセットで、これが2000円と言われる場合と5000円と言われる場合、いや、これはもっと質がいいから9000円、1万円と、やっぱり判断できないですね。しかし説明があると、ある程度納得して、じゃあ、財布と相談して買おうということになると思うんだけれど。だから、その売り方ってものすごく大事ですよね。

児玉：私は随分やったけれども、既存の流通では売り方の工夫が無理かなと思ってしまう。大変でしょう、やっていて。松尾君はそれを打破して、自分のコンセプトなり考え方をネットで消費者に訴える仕組みを作っていったらそれなりの反応があって、それに応じて自分で道を見つけ出しながら少しずつでも市場を持ってきたと、今の話を聞いていて感じるけれども、うち（西海陶器）の社員でもこれがまだまだよく分からないんですよ。

中尾：そこが一番難しいですね。

児玉：切り替えが非常に難しい。窯元は自分で作っているから比較的これが分かる。だって、売れるのを作らないとしようがないわけだから、いろいろ作ってみて、何でこっちが売れて、こっちが売れないかを探ろうとする。広田君のところではお父さんが早く第一線を退いて、彼が表に立ったわけです。だから比較的早く分かったかな。中善さんは、お父さんがもうおまえに任せるみたいなところが非常にあって、ここ4～5年彼がそういう風を自分で受けながらやって、親父さんたちが何となく引っ込んだというか（笑）、押し退けたのかもしれないけれども、そんな感じがする。松尾君のところは、お父さんがある程度歳がいって、しようがないからとか言っていたけれども、最近はよくやっている。大体内情はよく分かる。團君は、引き受けたんだけれども、得意先という彼を取り巻く流通の枠が壁になっているという感じがある。個々の会社によって環境は少しずつ違うというのはよく分かるんですよ。でも、相対的に見ると波佐見は結構変わった。それは今田功さんという人が入って来て、窯元の現状と戦った。私も今田さんと同じような現状を破る仕事をしていたけれど、ものすごく大変だったんですよ。時代が少し違ったこともあるけれども、今田さんはあの歳で少し変革することができたかなと思う。

親父がやったって全然売れないのを、息子が頑張って、ずいぶん変わったところもある。そういうところは、たぶんもう1年すると必ず売れますね。

世代交代

古河：そういう意味で、世代交代ってやっぱり大事なんですね。それは時期もあるんでしょうけれども。

児玉：消費者に売れるものを作る産地ですから。有田のような産地だったら、柿右衛門みたいに死ぬまで自分の作風に一言も言わせないというのでいいけれども。

岩重：こうやって次の世代を継いでくださるところがあるところは比較的柔軟に風も受けとめやすいし、いいですよね。ただ、そうじゃないところもやっぱりあるんでしょうか。

児玉：波佐見で？　そういうところは大体つぶれたんですね（笑）。

岩重：そうですか。

児玉：そういうところは全くやっていけなくなったというか、次世代にバトンタッチができなかった場合は廃業するというところ。

岩重：全般的にみてここ波佐見は世代交代は結構早い方なんですか？

松尾：メーカーさんは早いような感じがします。

岩重：じゃ、その先代の方がやっておられたことと、今やっておられることで明らかな違いは、消費者のニーズに対応しようという姿勢が積極的になったことが一つと、やっぱり技術的に改善しようとか、改良しようとかいう、そういうところも何かありますか。

児玉：それはあんまり変わらないね。さっき言ったように以前よりも現代のほうが技術的な水準はやっぱり落ちてきたかもしれん。職人さんたちの基本的な技術みたいなものは、どこでもある程度固有の技術が結構あったんです。特に古い窯ではあったんですけれど、そういうのは落ちてきたと思う。消費者の声を聞く耳を持っているところとか、任せることができるところはいいんですよ。

　だいたい40～50歳の人は、みんな成功しているんです。だって、バブルのときで、彼らが大学を卒業するころまではうまくいっているんです。高校もうまくいっているし、大体大学も行っているし、その2～3年はものすごくお金も持っているわけです。30代のところは、もう中学校、高校ぐらいでみんな貧乏しているんです。ずっと右肩下がりをしているわけですよ。うちの息子たちが「3月にはつぶれるぞ」って、一生懸命言ってたんですよ（笑）。そうか、俺もそこまでは頑張ろうかなと。毎年売上げが下がって厳しい状態がずっと続くわけですから、息子からすると、自分が社会に出るころは非常に不安があるわけです。だから、波佐見の窯元で広田君の世代は大体だめですね（笑）。

もうちょっと次の世代はというと、焼物屋に限らず、波佐見の勉強会とかやるときは、この辺は大体出てくるんですよ。その上の世代はもう全然だめ。出てこないということはないけれど、積極的じゃないというか、協力もしない。こういう会合に出てこいと言っても、まず出てこない。商社の人は意外と、僕がこういう会議を主宰するときに、必ず来てくれるんですよ。5時から開始というと、10分前には来る。一方、窯元は大体ぎりぎりに来るか、30分遅れるのが普通です。

岩重：なぜでしょうね。

児玉：なぜでしょうねって、彼らに聞いてみてください。

岩重：やっぱり自分の世界があって、自分の時計があるのかもしれないですね（笑）。

児玉：何でなのか、私も聞きたいぐらい。例えば窯業技術センターで波佐見焼のブランド化を検討しましょうとかなんとか、会議がいっぱいあるじゃないですか。そんな会議には参加者が少ないので、主宰者としては本当に苦労するんだから。そしてこういうふうに議論したといって結果を伝えると、結論部分だけみて、「波佐見焼のコンセプトの検討が不十分だ」みたいなことを言われて心外なんですよ。もう何度もそういう経験をした。まず会合が時間どおりに始まらないのが悩みの種だ。どうしてなんだろうね。でも今は理事会とかは時間に揃うね。

広田：理事会ですか。結構、ばらばらに来ますけどね。

商社と窯元は、弟と兄？

児玉：商社系は絶対そんなことはない。決められた時間の10分前には全部そろう。行けない時には、「ちょっと10分遅れますから」と必ず連絡がある。商売していたら、そんなもの、遅れて行ったら「ばかたれ！」と言われるのが関の山だから、そんなことは絶対ない。

それと、もう一点言うと、商社と窯元というのは、窯元さんが兄さんで、商社は分家なんですよ。

岩重：ああ、そうなんですか。

児玉：波佐見は基本的に全部そうなんですよ。政府機構でいえば、まず産業省があって、商業省が後でついて来るような感じ。戦争直後、弟が復員してきて何もすることがないから、おまえは売ってこいみたいに言われて、大体、基本的には全部そうなんですよ。だから、本家筋が全部窯元で、ここの本家筋はどこだ、ここの本家筋はどこだっていう感じで、波佐見は全部そうだね。有田はちょっと違うかもしれない。

古河：その違いは大きいかもしれませんね。

児玉：私たちの親父とかもうちょっと前の世代ぐらいは全部そうですね。親父たちが戦争から帰ってきてもやることがなく、本家筋は全部窯元だから、分家筋は「売る先がないからどっか外へ行って販売してこい」と言われて商売を始めた。

伊万里とか有田はちょっと違って、流通を調べれば分かるでしょうけれども、商業省が先にきている。時間に集まれと言っても、君たちが集まっているところに兄貴分は帰ってくるという感じなんですよ。

波佐見は振興会の会長を私が今やっていますが、窯元側は会長ポストをなかなか渡さなかったものです。しかしもう引き受ける人がいなくなって、また自分たちも不景気になったから渡した。渡せと言ったわけじゃないんですよ。本当は交互にするのが普通じゃないですか。

古河：九州経済連合会の会長職を歴代の九州電力の社長さんがやっているような感じですか？

児玉：そう、そう、九電の社長がほかに渡したくないのと一緒でね。
岩重：面白いですね。
児玉：波佐見は、商業も一部は昔からあるんだけれども、始まったのは大体戦後ですから。㈱中善はどこと取引していた？　有田か？　おじいちゃんのときにはどこに売っていた。
中尾：売っていたところですか。覚えていません。
児玉：知らないのか。松尾君のところはどこだ。ずっとやっていたのか。
松尾：いや、窯元をやって、つぶれて、商売やったみたいな感じです。
児玉：そうか、一度つぶれてその後商社をやったという感じか。
松尾：つぶれてやったみたいな。
児玉：分家してやったんじゃなくて。
松尾：そうですね。やらない時期があって、ちょっとして商売のほうをやったと。

波佐見の将来展望

古河：どうでしょう、時間も1時間半ほど経ちましたので、波佐見全体として将来への抱負というようなことで少しお話しいただければ。
児玉：どうですか、将来、波佐見をどういう産地にしたいか、どういうふうになっていくか。一つは、波佐見焼は新しいコンセプトとして、カジュアルリッチみたいなものをみんなで今やりつつあるんですけれど、そればっかりじゃなくて、今まで伝統的にある、例えば飯碗とか湯飲みとかも作ってはいて、まだ流通に7～8割は乗せてやっているというのが現状です。それぞれどういうふうな将来像を考えていますか。
広田：将来像としたら、とにかく世間での認知度を上げて、食器といえば波佐見焼と言われるような存在になりたいですね。そして、働く人も遊びに来る人も、とにかく若い人の集まる町にしたい。
児玉：外に向かって売る商売をずっとこの産地はしてきたわけですよ。東京とか大阪とか外に向かって売りに行った。でもこれからは、外から来てもらうような、ネットもそれに近いんだろうけれど、そういう産地にならなきゃいかんかなという思いが半分はある。そういうのはどう思う。

中尾：波佐見焼というよりも、波佐見という地域がブランド化されれば、なおさらそういう形になるんじゃないかなと思います。若い人たちに、「この町、かっこよかね！」とか、「この焼物、かっこよかね！」とか、そういうふうに言われるのは嬉しいですし、そういうふうになりたいと思いますね。

児玉：松尾君はどうだい。

松尾：ちょっと簡単な言い方ですけれども、何か現在のように、生地屋さんがいて、窯元がいて、問屋さんがいて、作るもの扱うものは時代によって変えつつ、また考え方も変えつつ、今の感じで波佐見があり続ければいいなと思っています。10年後、20年後も今の波佐見が焼物の産地としてあってほしいという感じです。そのために何をしなければいけないかというのは、個人もあるし、全体もあるでしょうけれども、できることはしていかなければならんという感じです。

児玉：やっぱりそれぞれの役割をしながら、それがちゃんと生業になっていって、お互いに連携しながら、つながりながら、それで、まあまあ、大儲けはしないかもしれないけれども、地域として生きていけるような産地というわけだな。

広田：会社にとって理想といえば、やっぱり㈱白山さんがいいと思うんです。白山さんで働いている社員は、自分は白山で働いているんだというのがステータスでもあるし、社員自身が自宅の食器としても欲しがっている。うちの会社もそうなってほしいなと思いますね。波佐見も、波佐見に住んでいてよかったなと思える町に。そして、波佐見の焼物に携わっていて良かったと、みんなが思えるようになることが重要かなと思うんです。

児玉：じゃ、團君は。

團：基本的に皆さんと同じです。古河先生が言われたように、仕事の喜びというのを、例えば生地屋さんだったり、メーカーさんだったり、うちらの産地問屋だったりが、仕事は制作だったり販売だったり違いますが、基本的に仕事の喜びを感じられること。餅屋は餅屋で楽しく誇りを持ってやっていた。喜びは賃金が上がるような形で出てくると思うんです。そして賃金が上がれば、若い人も来るだろうし、そういう形でうまく回れば、この波佐見町というのはいい方向に進むんじゃないかなと思います。とにかくこの波佐見町というのは、やっぱり人がいいものですから、僕らはそれに甘えてはいかんですけれど、ある程度プライドを持っていけばいいんじゃないかと。

児玉：波佐見高校のある審議会があったときに、長崎県の高校を卒業した人は本当は長崎県で仕事をしたいと100％の人が思っていると聞いたことがある。たまには出て行く人もいるけれども、長崎県内に仕事がないから出て行くのであって、大学に進学する人は別として、高校を出て働く人に関しては、親も子も地元で就職したいと思っているそうだ。今これだけグローバル化して、世界に出て行く人材を育てなければというときに、波佐見は、こうは言ってみてもある程度豊かなんですよ。一例を挙げれば、この前、中学校の野球で全国大会に出場したのだが、その前に大分で決勝戦があったとき、波佐見の父兄の応援団が一番多かったんだって。高校野球もそうなんだが、仕事をほったらかして応援に行くというのがどうも波佐見では結構多いんですよ（笑）。小学校、中学校のサッカーなども、お父さん、お母さんがお弁当を作って、朝早く子供を送っていって、ハーフタイムには冷えたおしぼりとポカリスエットの冷やしたやつを出すと。それを聞いただけで、これで子供たちの将来は大丈夫かなと思って（笑）。そういう子が大学に来ているんだから、大変でしょう、大学の先生も。

岩重：いや、大変ですよ。鍛え直そうと努力していますよ、私は。

児玉：私もそう思っているので、鍛え直してください。鍛えられた松尾君はどうだ。

松尾：波佐見の将来ですね。半分楽しんで、半分不安な部分があって、今いろんなところから注目されているのと、それに伴って作っている商品が世の中に認められているということをここ数年実感していて、その部分はすごく将来につながる明るいところなんです。けれども、(広田)和樹さんが言うように、やっぱりそのベースを支えてくれている生地屋さんだとか、その辺の不安がもうすぐそこまで来ているということです。何とかその生地屋さんが生活できるようなシステムを誰か作ってあげないと、今やっていることもすべてなくなるのかなと思っています。何かいい方法があれば協力したい気持ちはあるんですが、まず自分のところが精いっぱいなんですけれども、そこまでできるようになればと思っています。

児玉:結論から言うと、その仕事に誇りを持って、生きがい等を持って、売る人も、作る人も、生地屋さんもそういうふうになって、後継者の人がそこでやろうと思う産地になりたいということだ。最近、都会に行くと、みんなオフィスで仕事をしていますが、あれじゃ、ストレスがたまって、仕事をやりたくないだろうなとつくづく思う。ただあれはあれで、あそこの中に入ったら楽は楽なんだって聞くけど。みんな金太郎飴みたいにして仕事しているから、やったふりしておけば何とか一日をやり過ごすという面もあるらしい。でも、それではいけないと疑問を感じるような人、ああいう仕事はもう辞めたいなと思うような人が出てきているようです。そうすると、さっき言ったように、波佐見にはそういう生きがいがあったり、何かそういうことができる場所ですよというのをうまくアピールできたら、あなたも来て一緒になって作りませんかとか、参加しませんかとかいうようなのをアピールできたらIターンとかUターンでも人が来る土壌があると思いますね。5時まで何とか我慢しながらやっているような仕事の人とか、朝から晩まで単なるロボットの手足となってやっている人はかわいそうだもんね。

岩重:そうですね。焼物の仕事して、そこには満足感があるということが認知されてくれば。

児玉:喜びや満足があると、例えば器にこういう線を引けることを結構みんなが認めてくれるんだとなると、その生地屋さんの仕事が魅力的になる。でも、作っている本人が、「そんなものやめとけ」って息子にも継がせたくないと言ったら、続いていかない。

広田：でも、最近、メディアが波佐見焼の取材に来られたときに、生地屋さんをメインで映してくれるところも結構増えてきたんですよ。そしたら、彼らは結構その辺でも誇りを持てるんですね。

児玉：うちは西ノ原に場所があるじゃないですか。そういう工房をやってくれと期待する人が多いですね。でも、それは大体儲からないんですが。儲からないのは承知のうえで、勝手にやるという場所だったら作ってもいいかなと思っている。窯元の間では使用してなくて空いている場所が結構あるから、そこでは違う仕組みを作って、勝手にやれるという工房のようなもの、何かそれはできそうな気がしています。そうすると波佐見にまた新しい文化ができてくる気がする。ただあんまり儲かりはしないんだ。自分で経営したら絶対損するから、勝手にやれというのが結構いいんじゃないか。私が西ノ原でやっているのは全部それだ。私は自分ではほとんどタッチしない。「勝手にやれ」と。そうすると、みんな、給料安いとか何も言わない。自分が勝手にやっているんだから。どっちかというと、それが私のやるべき仕事かなと思って一生懸命やっている途中ですね。

さっき岩重先生の話で気になったのが、今風の新しいマーケティングのやり方とか、消費者の動向とか考え方をこっちに入れる仕組みを、あれは古いやり方だみたいにおっしゃったんですが、そのマーケティングのやり方がよく分からないんですよ。ああいうのをもうちょっと波佐見焼振興会のメンバーなんかに教えてくださったら助かる。世の中の情報を我々とか窯元に、こういう形で消費者に伝える方法があるんですということを、ぜひご指導くださったら私たちはありがたいと思います。

岩重：せっかく物を作っても、極端な話をすると、売れてなんぼですもんね。

児玉：そう、そう、売れてなんぼ。

岩重：そうすると、やっぱり売れるための努力をしなきゃいけない。売れるには何が必要かといったら、やっぱり消費者が何を求めているかというのは追いかけなきゃいけないし、もう少しその次元が上がると、追いかけた先には消費者を引っ張るメーカーというのも必要になってくるかもしれないですね。いつまでも消費者の意向についていくのではなくて、段階が進むと消費者を引っ張るような作り手が必要なのかもしれませんね。

児玉：そういう手法というか、考え方とかは。

岩重：やっぱりあるんでしょうね。

児玉：それを先生が我々だけに（笑）教えてください。流通関係の人だけ大学に集めてね。

岩重：ええ、いつでもおいでになってください。

児玉：出張授業をやってくれるとかね。

岩重：それも喜んで。

児玉：そういうのをしてもらったらありがたいと本当に思う。こっちは本当に悩んでいる。

岩重：あんまり調査とかされたことないんですか？

松尾：インターネットのデータで分かるんですよ。何歳の人がどこの地域で買っているというのは分かるんですよね。そして、その人が弊社に対してレビューを書くわけですが、でも、うちだけじゃなくレビューを書いているんです。私たちがターゲットだとみなす人のレビューをずっと辿っていくと、ほかの日用雑貨とか、買っているものとかもずっと見れて、どんなファッションを買っているのかという、その人の生活のイメージが……。

岩重：大体、像が見えてきますよね。

松尾：そうやってものづくりに反映させるというのは、パソコンのソフトがあればすぐできます。

岩重：メーカーというのは、一番消費者から遠い存在ですから、どうしても近いのは小売店であったり、こういう中継ぎで回っているところなんですよね。消費者の声が上がるのは、ここのところだと思うので、それをフィードバックしてもらう。ただ、言われたように、まずは質のいいものを安定供給するというのがあるんでしょうけれども。

児玉：さっき言ったように既存の流通関係者がな

かなか、こういうところまで消費者のニーズを細かく分析しない。ただそれが売れたとかなんとか表面的なことだけで、ごろごろ変わるという感じなんです。だから、売り場がだんだん縮小していく。

　百貨店を見ていても、量販店を見ていても、そのようなフロアには人も来ないじゃないですか。地下の1階か2階の食料品までは行くけれども、上は閑古鳥が鳴いている。もうちょっと頭を使ってやればいい、私でもできるのにと思うのに誰もやらない（笑）。いや、売れる、売れないじゃないですよ、人を呼び込むようなことが必要なんだ。

岩重：人を呼び込む仕組みを作ることが大事ですね。

古河：ではここらで。どうも本日はありがとうございました。

児玉：こういうのもたまにやると面白いから、古河先生、また違う組み合わせで、もうちょっと伝統にこだわる人ばっかり呼んでやってみようか（笑）。

（2014年3月収録）

産地の中にあって差別化を試みる

白山陶器㈱代表取締役社長　松尾慶一

本日は「白山陶器」さんにいろいろお伺いしようと、消費者の立場で、佐世保ホテル協同組合の理事長、遠田公夫さんにも加わっていただきます。では、月並みですが「白山陶器」のポリシーは？

親父から引き継いでくる中で感じたのは、やっぱり戦後の荒廃した日本で、食器屋さんですから食器を通じて日本人の食生活、住生活、そういう生活環境を良くしたいという事を考えながらやっております。食器の役割というのは食べ物が主役ですから、主役の食べ物を美味しく食べてもらうために、器は何でも良いかというと、少しでも楽しく、自分の好みの器というものを使っていただくと、より美味しく健康な生活が出来る。父から引継ぎながらそう思ったんですよ。でもやっぱりライフスタイルはずっと変わってきたのですね。

僕もいつからかっていうとはっきりはしないのですけど、畳に座って、ちゃぶ台で食べていたご飯が、いつの間にか椅子に座ってテーブルで食べるようになった。いつからでしょうか。いつの間にか、変わってしまったんですね日本中。もう畳に座ってご飯食べている人いないでしょう。

私が小学校にあがったころでしょうか、白山陶器の醤油差しと、色とりどりの取り皿を覚えています。たぶん頒布会があったんじゃないかと思います。焼き物が一番売れた華やかな頃っていうのは頒布会があった頃。

私の母はその頒布会にものすごく心酔して、毎月届けられるとその食器に合う食事を出すのを楽しみにしていました。先日、母に「まだ白山陶器ある？」って聞いたら「全部とってある」って。きちんと収めていましたよ。食が主役だけれども、邪魔をしないっていう印象があります。

やっぱり流通が発達してきて物を売るというシステムの中で、基本的には我々製造者から地元の商社さんが、仕入れて、それを担いでいったのですね。人がまず担いでいく、電車に積んで持っていく。昔はね実際現物を持っていく、まさに行商ですよ。窯元からご飯茶碗30個、40個、土瓶は持てるだけですね。重くないけどかさばるわけですよ。割れんように。昔の荷造りも、昔は藁ですからね。今みたいに発泡スチロールがあって箱に入れて、ダンボールとかじゃなく、藁で編んだようにして、割れないように、風呂敷とかに包んで、それを背負って、そういう時代からスタートして、それからだんだんだんだん発達していって、開拓していって、市場が発達してって、交通の便も良くなって、そういう中で、マーケットが開けて、地元にも小売店さんが出来て、問屋さんというスタイルになっていく。物をまとめて売るという方法を感じる中で、まずギフトやレシピも無いわけですからね、まず、頒布会というルール。毎月毎月頒布するっていうシステム、半年コースとか。1年コースとか。

70年代くらいになると、頒布会っていうのが出来てきた。頒布会っていうのは要するに注文を先にとるわけですよ。読みが出来るわけです。何個いるっていうのが分かる。だから製作するのが早い。注文をこれだけもらったからと。８００人から注文来たら、８００個作ればよいだけです。次は次はってなるから、毎月生産の予定が入るわけですよ。作る方も売る方もお客様も安くかつ、次に何がくるかという楽しみがある。

時代背景によって売り方はずいぶん違ったと思うのだけど、宅急便ってこの頃あったのかね。（遠田公夫）

宅急便はあったはずです。だって個人配達しないといけません。郵便局だって利用していたはずだ。で、意外に難しいのはね、最初の頃の販売の仕方は同じ柄のものがずっと続いたのですよ。ホームセットという名の揃い食器みたいな。

遠田公夫氏

だけど私どもの白山陶器で設定してもらう時のホームセットは、例えばこのコーヒーカップセットと、これに皿はこのシリーズ、ボールはこのボールを入れて、調味料セットを付けてっていう、要するに揃えていけば、家庭の食卓が全部揃っちゃうよって。最初は和食器もやったのですけど、和食器では無理があったんですね。和食器は品種がいっぱいあるのに、食卓に並んだら皆同じ柄だったら、「これはちょっとダメ」ということになるので、離れました。次はという事で、順に揃って1年経っていけば家中、白山陶器も色々な食器もあるけれど、コーディネイトが出来ている。そういう感覚が良かったですね。

白山陶器は今で何代目になりますか？

8代目ですね。それだけの年数を続けている事業所っていうのは、佐世保にはないでしょう。うちのご先祖様も、焼き物を作って窯で一緒に焼いてもらえば、それが商品になりお金に変わるという環境の中で始まりました。中尾は山なので農業なんて出来ないわけですから、そういう状況からスタートしたって言われている。

私の爺様が昭和３年に、中尾山から今のところに降りてきたんですね。昭和３年に今の場所に構えて、拡張していったわけなのです。他の窯元で続いている所もあれば、なくなった所も沢山あります。新しく出来たとこもいっぱいある。そこには技術とか職人さん達とか、ずっと残っていますから、この会社がつぶれても他所の窯に拾われるわけです。そういうふうにして産地は続くわけですね。色んなニーズがあるわけなのだから、だから仕事さえあれば、受注さえあればこの産地はずーっと続いていくと思います。

最近は全国で伝統産業の販売状況が悪くなったという話を聞きますが、やっぱり中国から安いものが輸入されて、産地が安売り合戦を強いられたことが原因でしょうか。

大量に代替品が、雪崩のように中国製の安いものが入ってきました。日本中の陶磁器産業はピークの４分の１以下まで縮小を余儀なくされている。安いものを中国から輸入しているのは、日本人ですし、日本で売筋を見つけ中国へもっていき、安い賃金で作らせているっていうのが悲しいですよね。安売り合戦っていうレベルではありません。日本製では太刀打ちできない価格です。だから、焼き物生産量が、全国を調べると良くて４分の１、悪い所は10分の１以下になってしまいました。

ピークをどこにするのか、平成2年くらいをピークにするのか分かりませんけれど、波佐見だって工業組合の販売額のピークが１７０億円くらいあったのです。今は45億円くらい。４分の１くらいかな。でも健闘しているほうです。

白山陶器は波佐見に所在していますが、「波佐見」という地名を背負っているのでしょうか？外から見た感じですが、たぶん白山陶器は「波佐見」への執着は無いのではないかと……。

あんまり意識はしてないですね。何焼きですかって聞かれたら「日本製です」と答える。

波佐見というところでものづくりをしていますし、波佐見という産地の恩恵を受けて来ましたが、その産地の中にあって差別化を試みて来ました。だから、波佐見には感謝の気持ちは大きく持っていますので、恩返しをしなくてはという気持ちは強く持っています。

一番大事なのは独創性ですよ。湯飲みという製品は昔からあるわけです。昔からある湯飲みを今の生活に、こんな素敵な湯飲みだったら使いたいなって思ってもらえるよう、一生懸命デザインを考えますよね。湯飲み茶碗というのはお客さんにとって既にある形なのです。お客を惹き付けるのは手に持った感じなのか、形の美しさなのか、絵柄なのかっていうのを一生懸命考えて、そして最後、価格まで落としていって、お客さんに喜んでもらえる物を作りたい。そういう気持ちがずっとあるのです。これが基本ですね。だから一番原点にあるのはオリジナリティですよ。ご飯茶碗なんて大体3通りしかなくて、①開いているのか、②丸いのか、③反っているのか、それしかないわけです。その中で今度作るのが、平たいのはどういう平たさでいくのか、丸いのはどういう丸さでいくのか、深さもずっと変わってくるわけですよね。ずっと広がっていって、お皿になっていくわけですよ。

洋食器の場合、基本は皿とパン皿とスープと、それしかないからそれ以上に広がりがないわけです。それが、和食器だと、珍味だ、「ちょこ」だ、先付けだ、3点盛りだの、2品だって、なんだのかんだのって色々と何でも出来るわけですよ。西洋はワインだけど、一つグラスがあれば良いわけでしょう。日本だと冷酒だったら、盃だ、ぐい飲みだ、「ちょこ」もある。そこで俺はこれが好きだっていう、選ぶ楽しさがある。選んで喜んでもらうのが僕らの本望っていうか、お客様がいらっしゃるから提案をしてリサーチが出来るわけですよ。

20年前くらいだったかな、初めてアメリカに行った時にね、日系3世の流通関係の人と話したことがあります。何故もっと日本の良い食器がアメリカで売れないのかなっていう話をした時に、彼はもうアメリカ人ですから、「マグカップはマグカップだから、3ドルでよいのです。10ドル出すやつはいません」と言う。でも俺たちの感覚からすると、アメリカ人のよく使うマグカップだって、気に入ったマグカップでコーヒーを飲むと美味しくなるじゃないかって。そう思いませんか？　でも所得の高い人もいるだろう、と言うと、「セレブはマグカップ使いません」って。「でも10ドルのマグカップで気の利いたやつで、デザインされていて、コーヒーも美味しくなるじゃないか」って返すと、「そんな事はありえません」と。でもそれから10年くらいしたら変わってきましたし良いものが出始めましたね。

先日もね、長崎のある会から申し込みがあって、工場見学に来られました。行政のいろいろな役職の人たちでした。彼らに工場を案内すると、皆さんは製品よりも製造工程とかに興味がある。最後はショールームを見せて、カタログを皆さんに差し上げます。実はね、私のターゲットは彼らではなく奥様方なのです。

私は、女性なのだから申し上げるのですが、やっぱり生活を楽しむっていうか、日本には四季がありますでしょ。料理だって、走りがあったり、旬があったり。それを器で楽しむことがとても大切に感じます。

そうですね、日本のサラリーマンはエコノミックアニマルと言われて、下着と食器は妻に「これあなたのなんだから」と買い与えられて、どうかするとシャツからネクタイも買ってもらって、本人はもう何も考えなくていいわけですよ。朝出勤して、夜帰ってきて、一杯飲んで寝る、そして会社に行く。そういうライフスタイルの中で、もしそこに選択権が発生すると、〝これが好き、あれが良い〟ってなるわけですね。陶器市に行くと分かり易いんですけど、まず奥さんがね「あ、これ良いわね」って自分のものを選ぶ。次にご主人を呼ぶのですよ。「お父さん、お父さん、これで良いよね」って。そしたらご主人はウロウロしてたと思ったら「いや俺はこれが良い」と言い出す。違うものを選ぼうとする。皆好みが違うのですよ。お子さんにしても、中高生でも「○○さん、これもっといいで。これで良い？」って聞かれたら、「うん、いやこっちがいい」と。皆好みが違う。その時のタイミングにもよるし、感じ方にもよるし、あれだけ並んでいるのをみると、そういう選ぶ楽しさっていうのがある。そのように選んだ器で日々の食事を頂くと最高ではないでしょうか。

ライフスタイルが変わってきているっていうけど、団塊世代を中心に夫婦でそれぞれ、ライフスタイルを高めようという流れがある。その中の一つに料理と器のバランスがありますね。僕も夫婦二人でね、「私これ」、「私あっち」とかね、「じゃ、別々で良いね」みたいな。そういうのはすごく生活の質感を高める気がする。そんな時代で、「白山」さんは、まさに日本の製造業そのもの、製造業の最先端をいっているね。（遠田）

当たり前って言えば当たり前なんだが、眺める器じゃない、使う器ですからね。15年くらい前までは、誰もが好むものを作らなくていけないと思っていたわけです。だから頒布会にしたって万人向けでした。日本中がそうでした。

でも近年思うのは、何でもまず出してみよう、やってみようと。製品のクオリティとデザイン力は絶対他所には負けないのだから。問題はそれをいくらで出すかということです。大体デザイナーは、安い方が買ってもらえると思っている。一方、経営者はなるべく高く売りたい。そこのしのぎ合いみたいな所はありますね。

経営者とデザイナーのあいだの確執というか綱引きのようなことはありますか。デザイナーって、何か自分の魂の一部を売るようなところがありませんか。

メーカーとしての評価は沢山売れたかどうか、人気があるかどうかです。ある意味で、そこに集約されるわけですね。だから、安いというわけでもなく、あまり高くするわけでもない、僕らが思う価格帯ってあるわけですよ。白山陶器が思う、量産してこの数量だったら、たとえば２００0個くらい１ロット、生地からつくって１０００円とかね。つまりこれを１０００円でデザインをし、カタログも作り、管理もし、在庫も全部うちが持って、１個から販売をする、ということを考え、尚且つその卸価格でたとえば3分の１とか4分の１で問屋さんに卸さなくてはいけないわけです。原価計算をしながらやるわけですね。

デザイナーはね、社内で雇用しているわけですから、ものづくりの基本理念は共有しています。

それが無ければ、今言われたような事もあるかも知れません。そして、私の思うデザイナーというのは溢れる泉です。出し惜しみはしません。デザイナーその人の才能を信じ製品を世に出し、成果を実感するとさらに良いものを生み出します。

最終的に商品化を決断されるさいには、どのあたりがポイントになりますか？

昔は目利きがいたのですね。今の70歳くらいの人が現役でバリバリやっていた頃は、「お、これが１０００円か、俺がちょっと他所で売ってくる」という人がいた。だからプロなのですね。

どれくらい前までかな……。ところが世の中が便利になってから、流通も完備されて、それで売り手主導になってきた中で、目利きがいなくなってきた。すると、まず出発点で値段を伝えられる。そしてそれを聞いたところから「いくら安くできるか」という交渉が始まるんです。

要するに、自分がこれを東京のお客さんに持って行こうとした時に、窯元が言う値段を、いくら安くしたら売れるのかという事が、仕事だと思っている人がいる。まだいるよ。だから、目利きがいなくなったのです。

一般にお茶を出すとき、なぜお茶は客の見えない所で湯飲みに入れて持ってくるのだろうね。急須も一緒に持ってきて目の前で入れれば、急須も褒められる。たとえば蓋が独特の位置にあるとかね。どうしてなんだろうね。（遠田）

お茶の文化も作法もライフスタイルと共に変わってきたのではないでしょうか。かつての茶道のように茶室から用意しなければならない様式から、手軽にお茶を提供するようになって入れて出すようになったのかな？　台湾では、社長室にお茶の用意がされていて、社長が自ら客人にお茶を入れて出すと聞きます。器をどうこうと言うよりもてなす気持ちの問題のよう様な気がします。

「白山陶器」＝白というイメージがある。僕ら消費者としては、同じ白色でもいろんな白があると思うので、それをわかるように説明書につけてもらえるとありがたい。（遠田）

そうそう、白が綺麗なのね。

他社の製品と比べると、うちで作っているものには確かに白い商品は多いと思います。作っている私たちは意識していませんが。染付のものも色釉薬のものも沢山有りますが、形の美しさを表す時に白が映えるので目立つのかもしれません。焼き物屋さんとしては、一般的に白は敬遠されるんです。

なぜかと言うと、荒が目立つというか、小さなキズや汚れが目立つので不良品が多く出て、嫌われています。

だけど、あんまりどうこう言わずに、使い易いねとか、そんなレベルで良いと思うのです。だからカタログでもあんまり紹介しないですね。あんまりこだわって言わないのですよ。

僕も調理師免許を持っているものだから洋食など色々作るのですけど、洋風メニューの時にはちょっと柔らかい白っていうか、ちょっとベージュぽいやつですね。それから夏場と冬場のちがいね。冬場にはあまり寒々しい白ではなく、少し温もりのある白ってあるんですよ。（遠田）

なかなかうるさい消費者だな（笑）。どんどん勝手にやって下さいって感じ（笑）。私が思うに、家の中で使えるものがどうかということ。ライフスタイルが変わったと言いましたが、かつては畳に座ってちゃぶ台で食べていた。隙間風がヒューヒュー吹いていた、夏涼しくとか冬寒い日本の家屋、そういう生活だった。今こうやって冷暖房が効いていて、暑いの寒いのって言いますけど、ビールだっていつの間にか1年中飲むようになった。昔なんてビールは寒い時期には飲んでなかったでしょ。ビールを冬でも飲むようになったのは、いつ頃からですか？　また、焼酎ブームもしかりで、ブームを経て定着してしまいました。そんな風に日本は急速に変わっていったわけですね。食生活も全て変貌したわけです。そうすると、仰るように温もりとかおもてなしとかの心がキーワードになってくるでしょうね。

「白山」という社名の由来をお聞きしたいのですが。社名にあるように「白色」の器が原点なのですか、白山さんは？（遠田）

中尾山でもともとやっていたんですが、その中尾山で、工場から向こうに白岳山っていう山が見えるのです。東の方に、白岳山を見ると、露天掘りで原料を掘っているものですから、遠目に真っ白に見えるのですね。焼き物で一番難しいのは真っ白なのですよ。荒が目立つから。天然原料なので、鉄粉だのなんだかんだ色々混ざって焼きが入るとポツポツ目立つからです。焼き物に一つでも色があったら一級としては売れないですもんね。ああやっぱり真っ白い器を作るのが一番難しい。ああいう真っ白い器を作りたいっていう気持ちで祖父の松尾政が「白山」という名前をつけたと聞き及んでいます。

「白山」では何人くらいデザイナーさんっていらっしゃるんですか？　その方々はやはり得意分野がありますか？　デザイン重視の路線はいつごろからですか？

今、９名です。人ですから個性が有りますし、その個性が得意な分野に繋がるのかもしれません。とにかく皆、優秀です。

１９５１年くらいかな、松下幸之助さんが、「これからはデザインの時代だ」と発言したことが、日本人に発信されたわけですよ。それが東京の問屋さんを経由して父の耳に入って、どう差別化をしようかと思っている時にデザインという言葉が耳に入ったってわけです。常に問題意識を持っていたから、デザインというキーワードが経営の指針となりました。

人が人を呼んでくるということがあるのですね。「白山陶器」においてデザイナー森正洋氏の存在は大きいと思うのですが……。

故森正洋氏が入社したのが60年近く前の事です。デザインっていう言葉がまだ産地にもない時代ですからね。「デザインを勉強したいのだけれども、良い人はいませんか」と、父は、県の窯業技術センターの所長に相談しました。そこで、若き職員の森さんを紹介されたのが始まりです。最初のデザインは作業する人達が困っていることから始まりました。作業台とか机とか椅子とかを作ってみたらと。当時は会社に大工さんがいましたからね。

なんで大工なのですか。そういう時代だったのですね。作業台とか椅子とか作るためですか。

なんでも道具が必要ですから。工場の中で、なんだかんだ必要だったから、例えば釉薬を混ぜる木の棒だったり、当時は社内で全部手作りですよね。そんな道具など市販されていませんから。うちの大工さんは会社の屋根も壁も修理するし小道具も作ってくれていました。社員さん達の為に森デザイナーがデザインして作らせて喜ばれたのです。

職人さんってなかなか一筋縄ではいかないみたいなことを聞きますが、職人さんの気質はいかがでしょうか？

やはり、昔の職人さんたちは自分の経験と技術で存在意義を醸し出していましたから、けっこう大変でした。だけど、デザイナーとしては彼らの人心を掌握しなければならないわけで、その苦労もあったと思います。

20年くらい前でしょうか、新しいマーケットを開拓しようと思いました。そこで、目新しくはないのですがかつて大きな市場だった結婚式場にチャレンジしようと思いました。当時、日本で一番有名な式場を調べたら、表参道のアニヴェルセルでした。そこに売ってもらいたいと思い、対等に商売出来る秘策を練りました。功を奏して交渉成立。新しいマーケットの創造でした。

陶器業界っていったら、すごく伝統的で保守的じゃないですか。外から受け入れるという事も出来ればしたくない。それが白山陶器の場合全くないのですよね、そういう壁が。また、早い段階からユニバーサルという視点をもっておられた気がしますが。

保守的にならざるを得ないのは、それを大事にしないと、先祖を否定するようなものだと思っている人が多いからではないでしょうか。伝統を重んじて継承していく事で生業を築き上げて来ました。しかし、中国からの低価格商品でもろくも崩れ去りました。

弊社の今日があるのは、やはり父が森正洋というデザイナーとの相互信頼の元に、新しいものづくりの考えを共有し現代の生活に必要な焼き物造りに特化していったお陰であると確信しています。そこから数多くの生活の器が誕生し、生産し、販売しました。

私は森さんにお目にかかったとき、実は入院されていたのです。デザイナーとしての森さんの存在は大きかったと思います。ただ、大きかったが故の確執もあったのでは？

森正洋氏は偉大でした。白山陶器イコール森正洋。森正洋イコール白山陶器だったと思います。自分の寿命が尽きるまで、物を造り続けました。故に、森正洋亡き後はチーム白山で後を継いでいます。

最後にお二人に聞きたい事があります。一つは良い作り手としてご自分が、責任をもって販売されている。その食器が生活空間に存在している、そういう食卓を想像したら何を思いますか。

遠田さんに伺いたいのは、作り手ではないですが、食卓の先には何が見えますか？

遠田：白山さんの器で、お茶飲んだり、酒飲んだり、焼酎飲んだりする時には、こんな所まで凹みを作らして、なるほどねって思いながら、一回一回感動しながらね、家族団らんを楽しめること。楽しむ時に「これ白山よね」とか、社名が「波佐見焼」ではなくて、「白山」っていう社名が出て会話の中に混ざってくるっていうのがものすごいステータスを感じるというか。

松尾：やっぱり家族団らんとか、笑顔とか。そういう美味しく食べている光景ですね。

結構、ファンの皆様がいてね。それを通り越してもう普段から使っていただいている。お会いするとね、やっぱりファンで、弊社の製品が大好きでね。「うちの家内が（白山が）好きでね」とか、よく言っていただくんです。たぶん食器棚っていうのはね、何ていうのか大きめに、２層に分かれていて、使う頻度の高い器は手前に分かれていて、使わない器は後ろにあるんですよ。使って洗ってまた戻すから手前にあるわけで、そんな風に使っていただけるのが一番嬉しい。うちの食器が100%じゃないですが、でも食器棚から取り出して、鍋はこれだし、湯のみはこれだし、醤油小皿はこれだしって、だから使ったのが戻っていけば、また手前にこうあるわけですよね。

　普段の生活の中、季節に合わせた料理を家族で楽しんで頂いたり、もっとカジュアルに使っていただいたり、どれもOKなのです。色んな愛着だと思いますし、色んな形で愛用されているっていうのが、結果としてそれが嬉しいわけでして、どういう使い方が嬉しいかと言われると、お客さまが自分なりの使い方をなさり、美味しく健康的な食事をされて、今の家族構成で必要なアイテムと時間と共に構成が変わり数量やサイズが変わりながらも選んで頂いた食器が、あっ！　やっぱり白山だったねと言って頂けることです。

（聞き手：岩重、遠田）

カジュアルだけど高品質

重山陶器㈱専務取締役　太田幸子

東京ドームテーブルウェアフェスティバルに出展されているようですが、手応えはいかがですか？

今年の2月で9回目になるでしょうか？　参加していているメンバーの中でものすごく手応えを感じている窯元と、余りうまくつかめていない窯元と二つに分かれていると思います。

「東京ドームで見たから」とわざわざ波佐見まで買いに来られるお客様がおられる窯元もあれば、うちもなんですがそうでないところもあるようです。

そうですか。今田功先生と田中ゆかり先生が、波佐見の窯元を随分アドバイスに回られたと聞いていますが、出展する窯元等すべてにアドバイスをされているのですか？

そうです。展示会への出展と今田先生たちからのアドバイスはセットになっています。アドバイスはとても刺激になっていると思いますが、うちがまだ社内の新商品を作るに当たってうまくフィードバックできていないんだろうと思います。とても勉強になっていますのでその成果については今からかなと期待しています。

今田さんに長崎県立大学で学生向けに話してもらったことがあります。そのときに波佐見でも積極的に展示会に向けてチャレンジする窯元……名前は出なかったのですが、いろいろな箸置きを工夫して、要するにジュエリーみたいに、選ぶ楽しみに着眼したという話がありました。私たちを含めて男性にとってジュエリーのようにいろいろなものを選ぶという感覚がないのですが。

それは弊社のことかと思います。実は形状をデザインした人は男性なんですね。ネイルチップといって、爪につけて、伸ばさなくても長い爪で装飾ができるという物をヒントに箸置きを作りました。あの絵柄のデザインについては男性と女性と二人でしているのですが、その男性のほうが女性のデザインしたものよりかわいいです。

　去年はたぶん12～13種類は同じ形状で、柄違い、色違いでそろえて東京ドームへ持って行ったと思います。今年は、その中から去年売れたものだけを選んで出展したのですが、やはり同じ形状で柄違い、色違いをそろえて展示をすると見応えがあるので、お客様が長く滞在して下さるんです。悩んで選ぶというのが女性の買い物の楽しみの一つだといわれます。そのような楽しみを提供できたかなと思います。その点では良かったと思いますが、実際に焼き物の売り場でそれをそのまま展開するのはなかなか難しくて、通常商品として売れていますか？　と聞かれるとやはりまだうちの主力商品にはなっていません。

なるほど、東京ドームの展示会での手応えを売り上げにつなげるには幾つか段階がいるのですね。

今までは地元の問屋さんとのお取引がほとんどでした。その中での商品開発になりますので私どもの幅が狭かったかなと思います。

　それがやはり東京ドームの商品は今田先生が回ってご指導いただきますので、刺激を受けて私どもが気がつかなかった個性を伸ばしていただけます。

それというのも例えばデパートとかスーパーとかの一般商品の売り場になると、大体雰囲気が似た感じになりがちと思います。もし今田先生や田中先生の指導がないままにやった場合は、もう通常の陶器市の延長線上で、似た物が似たように並んで……たぶんつまらないものになっていたかと思います。

今すごく注目を浴びているというか「波佐見はいいね」と言っていただけるのは今田先生、田中先生が回って来て下さって、この窯元の場合はこういう特徴があるから今回はこれで行きましょうというコンセプトを、まずしっかり最初の段階で作られるんです。それで、その線に沿った形の商品開発をしていきますので、例えばうちは「カジュアルリッチ」というキーワードがあって、それに向けての商品開発をします。他社はまた違うテーマを設けられていて、それに沿って指導されるんです。そして、また別の窯元は別で、とみんな違う形で。よくあれだけ違う種類ができるなと思います。普通は同じ人がするとどこかしら似たところがあるかと思うんですがさすがだなと思います。

そうですか、では東京の大きな市場のニーズを察知して、それを生産地にフィードバックする上で今田氏と田中氏の指導が果たす役割は大きい、と。

ええ、窯元が自分の持ち味を基礎にしてマーケットを意識した商品開発に意欲をもつようになったのが、今田先生の効果だと思いますし、受けた影響も大きいと思います。うちの良いところを出そうというのがそれぞれの意識の中にあると思います。

先ほど弊社は余りうまくまだ掴めていないと申し上げたのは、うちの場合、そこがまだ反応としてうまく捉えられていない、開発した商品を一般商品にはうまくフィードバックできていないということです。中にはしっかり捉えていらっしゃる窯元さんがあります。その差は、やはり結構ありますね。すごくいいところと、まあ真ん中あたりとか、いろいろですね。

でもそれは仕方ないです。全部が全部良いということはありえないわけですから。トータルすると、先生の指導のお陰で他の産地と比べると全然違うと思います。

今田先生はその窯元やデザイナーに合った形での指導をされています。今、このデザイナーだったらこれはできるだろうとか、これくらいは要求してても大丈夫だろうとかとても辛抱強く長い目で見た指導をしてくださいます。

でも、褒め上手だから、たぶんそれぞれのデザイナーをちゃんと褒めながら、「次はこういうのがあったらいいねぇ」という感じで。すると、先生が次にお見えになられるまでに、また皆さん用意しておかれるわけですね。間にあうかどうかは別にして、例年6月には始まりますから1ヶ月に一度のペースで商品開発の指導を受けて12月に全員一斉の発表会があって、東京ドームに生産が間に合う形で商品開発をしていきます。

最近はやはり波佐見で独自のカラーをという動向が強まっています。そういう場合、有田とは違う波佐見のカラーというのは、言葉で表すとすればどういうものになっていくというように思われますか。

窯元ごとに得意な技法がありますけれども、ひっくるめて言うと有田と比べた場合、やはり単価も安いですすし普段使いの食器というところが一言でいう波佐見焼かなと思います。食器棚にしまって、並べて飾っているような食器ではなくて、普段に出してきて食卓で使う食器が波佐見焼は多いんじゃないかなと思います。それがカジュアルのひとつのあり方かなと感じます。

基本的に有田焼と波佐見焼は材料も一緒です。私の考えですけれども、有田焼で食器棚に飾っておく美術品のような食器は、どれだけ手をかけて高くするかというのが根底にあるんじゃないかなと思われる商品が多い。一方、波佐見焼はといえば、普段皆さんに使ってもらえる価格で、いかに低価格で沢山、しかもきれいに作るにはどうしたらいいかというほうに神経が行くのが波佐見焼なのかなと思います。

先ほど申しましたように、弊社のコンセプトを今田先生は「カジュアル」と「リッチ」と言い表してくださいました。カジュアルなんだけど安っぽくない器というイメージだと思うんですよ。ですから、〝価格的には高くないけれども楽しく食卓を囲める〟みたいな感じではないかと理解しています。それは波佐見焼全体に通じるのではないでしょうか。

田中ゆかり先生の講義の中で、カジュアルの語源として、王様が避暑に行って田舎のお城の周りで働いている農民の服に興味を持ち、似せて作らせた服装が始まりという説があるという内容がありました。うろ覚えですみません。農民の服装ですが王様や貴族の服ですから布地は絹であったと、農民の人々と同じ服装だけれども材料は全然違うわけです。「だから、カジュアルというのは、本当は一番贅沢なことなんですよ」と仰っておられました。そういう意味では、カジュアルリッチというのは、言葉としてとても矛盾しているようだけれども、実はとても近しい言葉なのかもしれないですね。

経営者としてもそうですけれども、ものづくりに携わっておられて、特にデザインとかされている方は、やはり自分の技能・感性を磨いていくことが大事だと思いますが、太田さんの場合は、たしか何か習い事みたいなことをされているとか。それはやっぱり広い意味で感性を磨くことに関連するというように考えておられますか？

どうでしょうか？　あんまり仕事に結びつけようとか、まして結びついているとはとても思えないんですけれど、見えないところで役に立っていればいいなと思います。東京ドームの売り場に立っているときにお客様とのお話の中で、テーブルコーディネートとかお花とかお料理に興味がある方がこんなにおられるなんて！　と驚くと共に、もっと勉強しなきゃなとはよく思います。そんな時ちょっとでも田中先生の教室や紅茶の教室に通ってて良かったと感じることはあります。

波佐見町は共働きの家庭がとても多いと感じますが、みなさん朝８時から夕方５時までお仕事をして、帰って夕飯の支度をしたり家事をして、という忙しい生活の中に地域の婦人会やサークルなどで、バッグの作り方やお花を習ったり合唱団活動をされたりとかすごいなーと尊敬してしまう方も沢山おられますよ。

感性を磨くというのは少し気恥ずかしいですが、何かひとつでもお花など続けていきたいとは考えています。

話は飛びますが、先ほど話に出た中で肥前地区の焼き物の中でメイド・イン・ハサミが占めてるパーセンテージが相当大きくなっていると感じています。人口の減り方も波佐見地区は他地区に比べてですが緩やかです。生地屋さんも波佐見が一番多いんではないかと考えていますが、それでも生地屋さんが少なくなってきています。

後継者問題というのは、やはり生地屋さんのところで一番最初に顕在化するというか、そういう恐れがあると。

そうですね。生地屋さんもそうですけれども、当然、陶土屋さん、あるいは型屋さんというのもありますし、われわれ窯元もそうですよね。もう後継者問題については作り手全般に言えると思いますが、問屋さんにも同じことが言えると思います。これは日本の地場産業はほとんどそうなんじゃないかと思います。私どもも子供に跡を継がせたい、継がせることができるだろうかと悩んでいます。この先どうなるんだろうかと心配で……。農業と似ているんですけれども、他の地場産業のところも子供に継がせて良いかどうか同じような悩みを持っていると思います。

もう一つ、このものづくりですごく大切なことがあると思うのは、波佐見はファン拡大講座という取り組みをやっていて、消費地のファンを増やそうと努力をしているところなんですが、その講座の中で、焼き物は自然素材でできているので、他の工業製品と同じではないということを知っていただく活動を続けていかなければならないと考えています。

製品管理には日頃から注意されていると思います。出荷の際は傷の無いものを出そうとしてご苦労も多いのではないでしょうか。

傷といっても割れて使えないとかそのようなものではありません。器としての機能において全く関係ないのですが、外見でもほとんどわかりにくいのですが、そのような製品は出荷しませんが、売り場から返品されたものに対しています。外作り手は、すぐ「じゃあだめなのか」と思ってしまうんですけれども「自然の材料なのでこのようなものも中にはあります」ではいけないのか、「これは世の中に一つしかない器ですよ」「自然素材ですから同じように作っても少しずつ違いますよ」とお客様に説明して納得いただいてお買い上げいただけないものかと思います。

そうしていかないと、本当に作り手がいなくなってしまう懸念があると思います。大きなものになればなるほどそのような鉄粉がポツンと出て不良品になるんですけど、本当はちょっとした値引きで済むようにできないかと切に願っているところです。

日本のマーケットはものすごく成熟して、わりと厳しいというのは、良い面もあるんだけれども、やっぱり今いわれたようなこともありますよね。

厳しすぎる面があると感じています。例えばこの器、青の小さい点が絵具なんですが飛んでいますよね？　一般の方には分からないと思います。ここです。爪のところです。

しかし消費者の方が実際そこまで見ることができるかといったら、私は難しいかなと思います。売れない時代になって、一部の消費者の方のために途中のチェックが少し厳しくなりすぎている面があるのではないかと感じています。

重山陶器は模範工場に指定されたことがあると聞きましたが。今、一番課題だと考えておられることは？

モデル工場の指定は、もうずっと前、20年位前までです。中小企業庁指定合理化モデル工場でした。何十年間かずっといただいていましたけれども、それから工場の中や設備はあまり変わっていないです。機械を入れずに手作業で焼き物を作っておりますので（今は音楽が工場の中で鳴っていますけれども）、工場の中で音楽が聴ける位静かな工場です。一般に量産型の工場になると、機械音で会話もよく聞こえなかったりするようですが……。

課題といえばやはり人材ですね。結局、すべてにおいて後継者ですね。その経営者というだけではなくて、それぞれの仕事において分業化していますからそれぞれの次の世代が少ないんですよ。全体的にかなり減っています。それが一番課題だと思います。

（聞き手：古河、綱）

ユーザーの要求に柔軟に対応

長谷川陶磁器工房／
クラフトデザインラボ代表
長谷川武雄

ＮＨＫ「美の壺」シリーズで波佐見焼が取り上げられました。そのなかで「機能美の白」が一つの特徴だと指摘されています。「邪心がない」「作為のない素朴さ」とも表現されています。波佐見焼の特徴をこのように把握してもいいでしょうか？

ちょっと一面的な捉え方という気がしないでもない。波佐見焼とはどういうものかを考えるさい、一つの捉え方は歴史を振り返ることだと思います。江戸時代に日用食器のニーズがあった。それに対応するためにそれまでにない大きな窯を造った。普通に考えれば「そんな巨大な窯は無理だろう」という反応になるのだが、やろうという人々がいた。そして江戸後期には染付磁器の日用食器で生産量世界一という実績をあげるにいたった。何故かというと、当時の社会やユーザーの要求に柔軟に対応しながら進化していったこと。これが波佐見焼の最大の特徴だと考えています。一つの様式とか形式に偏らず、ニーズにあったものを柔軟に、技術を開発しながら作っていく。それが波佐見焼

の伝統だと思うんですよ。だから有田焼と比べると、有田焼は確かに一つの様式美、形式美であったり、技術であったでしょうが、波佐見焼の伝統は形とかスタイルではないんだな。あり方だと思うんですよ。そこのところをきちんと認識して今後やっていかないとダメだと思う。

　波佐見焼のコンセプトは何かというとね、時代にあったものに適応して、社会や文化から吸収して自分たちが進化し、新しい技術を開発していくこと。ある意味ではとても多様性があるのが波佐見焼の特徴だと思います。逆に他の産地で○○焼というと、スタイルや様式が決まっていてわかりやすいんですよ。波佐見焼はある意味では何でもあり、というところがある。一方で伝統的な手仕事の作業をやっているかと思えば、他方で白山陶器のようにきわめてモダンなプロダクトデザインのようなものをやっているところもある。もちろんその中間もありますが、その全体が波佐見焼ではないか。だとすると、戦略的に一つのブランドイメージを作っていくことは確かに難しいですよね。料理関係者に人気が高い窯元に「陶房青」がありますが、あそこは少量多品種生産なのです。割烹など伝統的に有田焼が強かった分野で、特定の様式美にとらわれないで新しい提案をしている。白山陶器と陶房青は両極かもしれないが、マーケットに対して常に変化しながらいいものを作っていこうという点で、コンセプトは同じだと思いますよ。

ブランドイメージをどのように作り上げていくかは、地域ブランド形成の戦略上とても重要です。もちろん個々の窯元・メーカーの努力が基礎になるわけですが、地域として共通のイメージが浮かび上がるということが必要でしょう。その点で、テーブルウェア・フェスティバル（東京ドーム）の企画をされている今田功氏が波佐見焼＝「上質なカジュアル」というコンセプトを提唱されていますが、どう思われますか。

確かにそういう言い方はできるでしょう。そこら辺が今のマーケットが求めるところという気はする。ただ波佐見全体の量からみると「上質なカジュアル」と言えるものはごく一部であって、テーブルウェア・フェスティバルに出展しているのも全体からすると一部という点は忘れてはいけない。商社が市場の変化を機敏につかんでメーカーに伝えていくなかで、そのような動きとして注目されていっているのでしょう。ブランドイメージとして打ち出していくうえでいい方向だと思います。

波佐見といっても窯元は大小含めて100近くはあるわけで、それが一体になるには確かにいろいろ難しい面もあるでしょう。私は中尾地区が農業や観光もいれて総合的に独自の取り組みをしていることに注目しています。散策すればあちこちに煉瓦の煙突が見られる密集した集落で、まさに陶郷という佇まいです。中尾独自のイベントである「桜陶祭」は今年で24年になりますが、年々お客さんが増えているようです。景観もすばらしいですし、この地区が魅力的な地域として広く知られ、波佐見焼のブランド・イメージのコアになることを願っています。

どこの産地もそうですが、国内市場が飽和状態のなか、海外市場への進出が一つの焦点になっていますね。

ええ、販路開拓の一つとして輸出を考え、そのためのシステムをもたなければなりません。波佐見で今それができるのは西海陶器さんだけでしょうが。中国であろうがヨーロッパであろうが、メーカーと商社が手をつないで、マーケットをしっかりと認識したうえでターゲットを絞ってモノづくりをしていく必要があります。

僕の例で言いますと、ヨーロッパに作品を出展するとき、まずエージェントと相談しますが、「今ヨーロッパの人はどんなものを求めているのか、どういうテイスト（taste）が好まれるか」を一緒に考える。カラーリングについても、日本では洋風ものが好まれていますが、向こうでは日本というものをださないとダメじゃないか、と。だから色のイメージとしてレッド、グレー、ブルーではだめなんです。レッドであれば日本には「朱」とか「茜」、ブルーであれば「藍」とか「紺」とかの区別がありますから、「日本の色にしてください」となる。そういうやり取りのなかで「じゃあこの色でいきましょう」となる。

これまでは日本からの輸出品ではオリエンタル風のものが求められていたけれど、今では「精神的な日本」とか「イメージとしての日本」とか、そのようなものがわかる人々が日本の文化が感じ取れるものを求めている。すると、そういうものを作ろうじゃないか、中国向けに作るときは金色を入れようか、と。だから常に市場とどうやって結びついていくかを考えないといけない。これはマーケティングの基本ですからね。

どこの産地でもメーカーと商社との関係は地域経済の発展にとって大切な要素ですが、波佐見の場合、いいバランスにあると考えていいのでしょうか？

かつて流通において、単純化すればメーカーがあり産地問屋があり消費地問屋があり小売店があるという構造があった。商社の力が強かったですね。でもこの仕組みはもう崩れたとみています。いまメーカーで伸びているところは商社との関係を見直してきたところですよ。商社そのものが教科書でいう商社機能を果たせなくなってきている。つまりリスク負担、在庫リスク、支払リスクというリスク負担の機能ですね。商社はこのリスクを負うから窯元に対して強い立場でビジネスができた。しかし商社自身がこの商社機能を果たせなくなってきつつある。私は商社の否定を主張しているのではないのです。商社は必要ですよ。メーカーの側にマーケットに関するノウハウがあるかと言えば、そんなことはないですから。ただ、商社も時代の変化に合わせてその機能を変えていかなければいけない。だから、いろんな機能を備えている西海陶器が唯一といっていいほど健闘しているのには理由がある。他方、小さい商社で奮闘しているところもあります。中尾地区にある堀江陶器さんは企画力があり、東京や長崎のデザイナーと協力してマーケットへ積極的に発信しようとしています。本来は商社、メーカー、小売店がマーケットをふまえたうえで、協力作業をやることが重要だと思っています。

波佐見は地域で分業体制をとっていることが特徴です。型屋さん、生地屋さん等どこか一つが欠落してしまうと、産地としてマイナスの影響が出かねない。産地全体としての戦略が必要だと思いますが。

ええ、「地域内分業」ですが、分業というのは地域として一定の生産量がなければ成り立たないのです。今は分業が成り立つギリギリのところにあると見ています。例えば僕なんか外注をやるさい、デザインとかディテール（detail）にこだわった注文を出しますが、いい生地屋さんとかいい型屋さんなど技術レベルの高いところを求める。でもそういう人たちが減ってきているのが現状です。一時、価格競争に走った時期があり、沢山作ったほうがいい、質より量だと。そして生産ロットが減った今では、外注していた部分を内部でやるところが出てきた。すると下請け（例えば生地屋さん）が減ってきた。それに後継者の問題が加わってね。すると要求レベルの高い発注は特定のところに集まるようになり、残りの生地屋さんには仕事がない、といった状況がでてきた。本来は、生地屋さんも一緒に技術開発、製品開発をやっていかなければならないと思うのです。お互いに要望や注文を出して、面倒な箇所も一緒に考えて知恵を出し合い、より良いものを作っていこうと。もちろん協同作業は最初はものすごく大変だし、なかなか収益につながらないのですが。でも、将来につながるという展望を共有してやっていけば、その結果「えー、こんなものができるのか！」と予想以上にすばらしいものが出来たりする。するとそれが新しい波佐見焼になる。波佐見にしか作れないものですね。だから、地域で分業体制になっている特徴をデメリットにしてはダメだと思います。

先生は「日本クラフトデザイン協会」の理事をなさっていたこともあります。クラフトが置かれている状況、クラフトの展望、とくに若い人たちがクラフトを職業選択の一つとして選べるかどうか、どのようにお考えでしょうか。

確かにモノづくりは危機的な状況にあります。一番大きな問題はモノが売れないということでしょう。これはクラフトに限りません。大企業にしても、自動車でも家電でも、曲がり角に来ている。クラフトや伝統産業では、それが集約的に表れている。では日本はモノづくりにおいてどこに向かうべきなのか？　では、これまで日本でのモノづくりはどうだったのかを振り返ってみると、クラフトに限って言うならば、日本では江戸時代に完成されたかたちで存在していたわけです。モリス（William Morris）などがクラフトの復権を訴えた、アート&クラフト運動は19世紀の後半ですが、日本ではデザインやモノの美意識を庶民感覚で楽しんでいたわけで、世界をみてもそんな国は珍しいと言えるのではないか。

だから、モノを作るさいの価値観をもう一度見直していけば、日本にはすごく可能性がある。モノだけでなく、日本独自の文化とか精神を含めて、成熟した質の高い生活を日本がまず体現しながら、世界に広げていく。そういう生活が定着してくれれば、おそらく日本のモノづくりは今より悪くはならないでしょう。モノ作りを目指す若い人たちは沢山いるんですよ。彼らが、目標を高いところに設定して、継続できる環境を作っていかなければならない。波佐見焼でも後継者の問題ですが、若い人たちが自分の将来の夢として、波佐見焼の在り様《よう》を描けるような環境を作っていくことが、我々の世代の責任だと思っています。

（聞き手：古河　長谷川氏の工房にて）

少量多品種が特徴

陶房　青　吉村聖吾

波佐見のなかでも昔ながらの陶器の里の風景を遺している中尾山で精力的に活躍され、その作品の繊細な絵付けや色彩、形の端正さ等が多くのファンを魅了している「陶房青」さん。先ほどまでギャラリーの一角にある作業台でお仕事をされていましたが、いつもあそこでお仕事をされているのですか？

ええ、僕らは焼物の制作者、職人ですから、多くの人に暮らしのなかで使っていただいて、使い心地がいいとか、「ほっと」するような日用食器を実直に作っています。器は見た目の良しあしもですが、手に取ってみたときの感触、実際に使ってみたときの使い良さ、また食器棚に収められたときに醸し出す雰囲気など、総合的に判断されます。だから僕らが使用される場面を想像して一生懸命に作った器を、買っていただいたお客さんが実際に使ってどうだったか、リピーターの方の声を制作に活かすようにしています。初めて訪ねてくださったお客さんとも、どういう器が欲しいのか会話ができる。それにやはり一個一個の器がどのように作られていくのか、その制作の現場をじ

かに見ていただくことで、器への愛着も強くなるんじゃないか。お客さんとの会話をとても大切にしています。

「陶房青」さんはレストランなどの評判が高いと聞いています。中国家庭料理店「希須林」とは専属契約されていますね。

あそこは東京の赤坂、青山、阿佐ヶ谷、それに軽井沢に店があります。たまたま先方のほうから訪ねてこられたのがきっかけです。もう20年前になりますでしょうか。最初は奥様が見えられて、共通の知り合いというか、その方が東京青山に店を出すという話になりまして、そこでの器を私どもに任せたいと。他にも、同じく中国家庭料理の「墨花居」や長崎県美術館カフェに食器を納めています。

ここ「陶房青」の特徴は少量多品種なのです。生産としては工房内で一定のグループ体制をとっています。生地の段階までは共通ですが、その後の工程は轆轤形成や絵付けの得意な従業員を中心にしておよそ３つのグループに分けて、それぞれのグループで作業をおこなっています。このような体制をとることで各職人が仕事に生きがいを見つけることもできるだろうし、試行錯誤のなかで自分のスタイルを見つけてくれるんじゃないかと考えています。生産量の増大だけを追求すると商品自体が低価格になってしまう危険性があるので、価格だけの競争ではなく、質や販売方法の多様化で競争するためには多品種少量が有効な手段です。

器は食との組み合わせで選ばれることが多いし、制作者の方も器それ自体だけでなく、食事のさいに使われる場面を想定して作られると思いますが、器と食とのバランスについてどうお考えでしょうか。

実は昨日も佐世保から若い方が訪ねてこられ、佐世保でお店を始めたいので器を探している、白い器がいいのだが、ということでした。そこで倉庫にある器を「どうぞ」と提供したのですがね。白い器は料理が映えると言われており、確かにそういう側面は認めざるをえない。皿を白いキャンバスに見立てて、野菜や肉をそれに盛り付けて絵を描くように、というのは一つの考え方ではあります。白い器に関しては僕らもずいぶんと試みました。でもたんに料理が映えるから白がいいというだけでいいのだろうか、という思いがあります。時代の流れはそういう形で続いてきているんだけど、少しずつ変わりつつあるような気がしますね。シンプルでモダンでモノトーンなデザインが一巡して、日本の伝統である和食器の良さがもう一度見直されつつあるのではないか。たんに昔への回帰ではなく、伝統工芸的なものを基礎にしつつ、それを進化させたものが求められつつあるのではないでしょうか。

この方向を突き進むと、中国製の食器がどんどん入ってきて、ほとんどのホテルやレストランでこれくらいの（と皿を手に取りながら）皿が１０００円で買えるという。でも僕らはそんな価格ではやっていけない。坂本洋司さんらとコラボレーションして長崎のトルコライス皿を作ったときに、トルコライスはＢ級の評価だけど、それをＡ級に仕立てることはできないかと色々努力したんですが、原価は１０００円だというのが大きな壁でした。グローバルスタンダードがいろんなところで進行し、器の領域でも１０００円の世界が広がることは押し止めることはできないかもしれないが、でも腕のいい職人が一生懸命仕事をしてなんとか安定的に暮らせる世界を目指したい。このあたりで生まれ育った若者が都会に出て行かなくても、波佐見で、陶芸の仕事で夢を追求できるような環境をつくりたい。それには先ほど述べた多品種少量ということで、付加価値をつけた製品を作り、販売方法や宣伝も工夫して。価格競争とは違う別の道を探って行きたいと思う。

となれば、職人さんの技術をしっかり向上させること、また感性を磨くことが一層必要になると思われます。吉村さんにとっては職人の育成とい

う課題でもありますね。

景気が良くて作れば作っただけ売れた時代とその後を経験した者としては、器が売れなくなった今のような時こそ、職人としてのスキルを高め、職人としての感性を研ぎ澄ます努力をすべきだと思っています。たんに一人前の職人として絵がけるというだけでなく、美術館などにいって感性を磨くことも必要です。商品として市場性や流通性があるものを作るのにとどまらず、少し別の視点で作品を通じて何かメッセージを発信することが大切なのではないか。

私自身は窯元としての顔と経営者としての顔をもっています。窯元として振り返ってみると、職人が他の窯元や商社の下請けになってはいけないと思う。私も一時下請けをしていた頃もありましたが、下請けは技術がなくても可能であり、また独自のアイデアや開発費用も必要がないので、ある意味では楽です。しかし生産者として一からものづくりするということは、苦労は多いが大変意義があると思っています。経営者としては、職人や社員が生き生きと働くことが何よりなのですが、ソロバンを度外視するわけにもいかず、制作者としてのロマンと経営者としてのソロバン勘定を両方追求しなければならない悩みがあります。

ヨーロッパ出身の若い女性が働いておられましたね。彼女は有田の窯業大学校を卒業したあとこちらで修業しているのですか。日本の若い職人さんと感性の点で違いますか。

うちの工房には窯業大学校を卒業した人あるいは全国から陶芸を志す若者がやってきます。彼女も窯業大学校を卒業してうちで働いています。彼女ですが、日本人にはないドイツ人ならではという感性を感じることがしばしばあります。非常に合理的ですね。たとえば轆轤をひくときもまず200gの（土の）玉をいっぱい作って、そして引き始める。私が払える給料が多くないものですから、「どこか住むところを探してくれ」と言われて、この辺にアパートはあまりないし、でも古い民家が一軒あったんですね。そこで家主さんに家賃1万円で交渉したところ、家主が「買ってくれ」と言うんですよ。まあ古い民家ですけど、値段は30万円しました。入居するのにリフォームが必要になり、結局100万円ほどかかりましたけど。その後の彼女らの行動が驚きだった。内装を全部やりかえたのです。借家だったら内装の大掛かりなリフォームはできませんよね。漆喰はナフコから買ってきたりして作り直して、二階はすっかり別様になって、ジャズでも聴きながらウィスキーを飲むのにちょうどいい空間に生まれ変わった。

日本人の若い人だったらおそらくあんな風にはしないでしょうね。彼女なんか自分が置かれた環境がたとえ「きたない」ような場合でも、どれだけ自分が希望するものに近づけることができるか、と考えるんだね。彼女が作るものも日本人が作るものとは違うね。でも日本のマーケットで売るとなると、充分に価値がつくかどうか……。一方では外国から来て頑張っている職人という「タレント性」は売りの材料にはなるだろうけど。

窯元さんは全般的に後継者の問題を抱えています。後継者の育成について吉村さんのところではいかがでしょうか。

私自身は65歳で現役引退を考えています。僕たちには子どもがいないのです。したがって後継者は社員の方にお願いしなければならない。でも想定しているその人も50歳ちょっと過ぎ。高い技術もあり経験もある。しかし50代はなかなか新しい発想が出てこない。一方、30代の人は50代に比べると技術水準は見劣りするものの、今の時代を読み取る感性が豊かです。30代の発想、感性、商品企画の力と50代の技術を融合できないかと考えている。とくに30代をいかに育てるかが私の仕事かな……。

この仕事は製造業ですから、作ることが楽しくてしようがないという姿勢がなにより大事です。いろんな人がこの工房に入ってきますが、まずそういう決意がないとダメですね。プレッシャーをかけたり、アドバイザーをつけて作らせたりといろいろやってみます。でも修行の時期は寝ないで仕事に打ち込むような経験をしないと、だめなんじゃないかな。人を育てるというのは本当に難しいことですね。先生方の苦労がわかりますよ（笑）。

（聞き手：綱、古河）

物語をつくりだす

陶芸家　**長瀬渉**

長瀬さんは波佐見でアーティスト・イン・レジデンスの草分けみたいな存在だと理解しているのですが、そもそも山形県出身なのに波佐見に来られたのは、どんな理由があったのですか？

僕の奥さんが、絵付けを本格的にやりたいが東日本で修業できる学校が見つからず、有田の窯業大学ならできると入学したのがきっかけです。

それと、たまたま大学時代に波佐見出身の後輩がいたという縁で、彼女に、

「せっかくだったら私の地元の波佐見に住んでみたら？」

と勧められたのです。

妻についてきた格好だったのですが、ふらふらしているように見えたのでしょうね、波佐見に住み始めた頃、

「お前が陶芸作家なのはわかった。でもどうやって暮らしているのだ？」

と怪訝な顔をされました。

物を作って売れればそれで食っていくという、自分としてはシンプルに生きている職業だと思っています。

「陶芸作家がお前ぐらいの年齢で食えるわけがないだろう」

と心配もしてもらいました。

ちょうど心配してくださった方から「くらわん館」が町設民営になろうとしていて、「陶芸教室の講師を探している」と働き口を紹介していただきましたが、お給料をいただく話は断り、教室の予約が入ったときは無償でお手伝いする代わりに工房を自由に使わせて欲しいと交渉しました。

自分の制作や生き方に興味持っていただけたことにより、個展を中心に仕事をするスタイルを崩さずに波佐見に住むことができました。

今ではその心配してくださった方が自分の生き方の一番の理解者ではないでしょうか。

波佐見以外の場所でも作陶活動をしてましして、ずっとここ波佐見にいるわけではありません。波佐見に滞在しているのは１年間の２／３ぐらいでしょうか。


波佐見に来られて10年ぐらい経ちますね。振り返ってみて波佐見町はいかがでしたか？


僕は元来土地に執着はないほうで、波佐見に来たのもたまたまでした。

波佐見町は、陶芸家の僕でも「波佐見焼」と言われてもピンとこないような場所でした。母校の東北芸術工科大学の研修旅行で有田・波佐見に来ています。その時は有田の香蘭社、柿右衛門窯、有田窯業大学校などに行き、波佐見は長崎県窯業技術センターなど見学しています。その時の印象はと言うと、有田も波佐見も一緒という意識でした。

波佐見に住み始めた頃は、陶磁器の産地についてもっていたイメージと全然違いました。産地といえば僕にとっては東日本の益子や笠間といった、作家が多く活動していて、作家物を制作しているようなところでした。

当時の波佐見は、ファミリーレストランでしか若者に出会わなかったような所ですし、とにかく同世代の若者が歩いていると奇異な目で見られましたね（極端な話ですが）、観光客も少なかった。僕が釣竿を持って歩いていると珍しがられるような。

僕の今いる工房や仲間たちと立ち上げたカフェやギャラリーがあるこの区域は2年目ぐらいから雰囲気が大きくかわりました。当初は「こんなところにカフェをつくっても人が来るわけがない」などと言われていましたね。

ただ、当時波佐見のツーリズムに可能性を見ていた方たちは、少し意識が違っていました。こういった方々に見守られながらこの区域は成長したんだと思います。カフェを経営している岡田くんをはじめ、この敷地に関わった人達の力も凄かったです。今は土日や休日など福岡や遠くは関東など県外からも多くの人で盛況でして、世論は逆転しました。

長瀬さんは釣りが好きだと聞いています。それもあり魚や水のなかの生き物の作品が多いように感じます。作陶活動を中心にだいたい仕事・生活のリズムは1日でどのようになっているのですか？

個展に向けて制作に取り組むさいは、3ヶ月ぐらい前から1日が32時間のようなリズム、つまり取りかかると終わりまで気が抜けず、寝ないでやりますから。他人からみればめちゃくちゃなリズムでしょうが、1日32時間とか35時間とかそれなりに規則正しい生活ではあるのです。

個展が終わって1ヶ月ぐらいは普通の人と同じように、朝起きて夜寝るような生活を1〜2週間します。

ですから、僕を知る人で「長瀬は夜中しか働いていない」というのは、本当は違うのですが、当たっている面もありますね。

夜中のほうが集中度が高いですから、昼間は途中で手を休めるような仕事をして、夜に本格的な作品づくりをするという感じです。制作では時間って概念が邪魔なんですよ。

釣りは好きですから、時間を見つけては釣りに行っています。

作陶活動について、求道者のように一筋の道を求めるようなタイプの方もおられるし、一方で遊び心を大事にして作陶するタイプの方もおられるように思います。「遊び」と言っても決して低く見ているわけではありません。

遊びを人間存在の本質にかかわる重要な要素と理解する哲学者もいますから、軽んじているわけではないのです。

山に籠もって土と向き合って作品を作るといったやり方では、今の世の中に通用するようなものができないという気持ちがあります。

陶芸は今では一般的な職業になっており、陶芸人口は結構多いと認識しています。自分の立場としてはやはり陶芸は遊びと捉えたいです。

僕は山形の有名な観光地である山寺の育ちです。「閑《しず》さや岩にしみ入る……」の山寺です。

そこには観光客向けの土産物屋がたくさんあって、マムシを捕まえてきたり松茸を取ってくると買い取ってくれる店がありました。するとマムシや松茸を取るのが子供の遊びになる。

普通の子供がやるママゴトや野球でなく、山や林に入っていろんなものを採ってきて、お店に買ってもらうことが私の子供の頃の遊びだったわけです。

それから、父が窯元だったので、小中学校のころ箸置きみたいなものを自分で作っては売っていました。

僕にとってモノを作って売るのが子供の遊びでした。泥で団子をつくって石をお金に見たてて遊ぶのと、まったく同じ感覚です。

僕が作ったものを父の店に置いてもらって、初めて売れたときは嬉しくて、それで味をしめたのかな？　小学生のころにはそんな風にして100万円ぐらいお金を稼ぎました。本当ですよ。高校を卒業するときには稼いだお金で車も買いましたから。ええ、地元では皆知っていることです。小学6年生のときが初個展です。


これは驚きました。では長瀬さんを知っている

人にとって、陶芸家にはなるべくしてなったのですね。ところで制作するのは一品ものですか、あるいは10～20個程度の製品を作っているのですか？

陶芸家と名乗っていますが、未だに美術をやっているとかアーティストであるという意識がないのです。工芸をやっている自覚はあります。

だからアーティストよりも職人さんに近い感覚をもっていますが同じものを作り続けるような仕事ではないですね。食器などでもせいぜい20個です。

動物の作品は一点ものに限りなく近いです。魚など沢山いたほうが個展会場も楽しいので、いろんな種類を作ったりします。

海洋生物研究所の職員の方など魚の作品を買ってくれます。僕の作品は全くのリアルな再現を目指しているわけでなく、そこが彼らにとってはいいらしいのです。魚って本当にリアルに再現しようとすると、割合にそっけないものです。ですから、本当はありえない肌合いに作ったり、歯や目も実物とは違う風に作っています。

陶磁器産地は全国的に売上高の低迷など苦労していますが、波佐見は相対的に元気であると言われています。今後5～6年くらいの発展の可能性をどう見ていますか？

波佐見焼の今の勢いはしばらく続くと思います。その要因として、波佐見はコーディネートで製品を作れる産地になりました。それが時代の要求に合致する面があるからだと考えています。とくにまだクリエーターが必要というわけでもないようです。凝れば凝るほど売れなくなるという心配もあります。今はそういう時期なのだと思います。デザインや流行を追いかける事でかなりの意識改革です。他の産地より洗練されていると思います。流行をしっかりと捉え追いかけるという意味では波佐見が秀でた産地となっているように思います。

しかし流行は飽きるものです。産地が長生きするために必要なことは作家と一緒で物語を作ることです。もちろんリアルな物語です。

物語の中身・要素はいろいろあるでしょうが、物語を形成することによって、たんに注目度が上がるだけでなく、トレンドを形成する側になれる。波佐見が提案したものがトレンドになり、追従者も出てくると、もうブランドですよね。クリエーターの仕事はこれにつきます。

波佐見が流行を追いかけているところは、今のアパレルと似ていると思います。「今年は北欧調が流行るよ」とか「ナチュラル素材が流行りますよ」とか。こういうことは波佐見はできるし、結構うまくやれる。でも、追いかける側から流行をつくり出す産地になる必要があると考える人たちがどれだけ現れるでしょうか？

産地がブランドと認知されるためには、作風とかデザインの様式が形成されるものですが、ひょっとしたら、波佐見はそういうもの以外に、物語を作り出すかもしれませんね。

（聞き手：古河）

もうこだわりだらけ！

㈲マルヒロ　馬場匡平

ＨＡＳＡＭＩシリーズの製品が若者にずいぶんと支持されています。従来の波佐見焼のイメージからすると少しはみ出すような部分があると思われるようですが、若い人々に人気の秘密はどういうところにあるとお考えですか？

主に売れているのは東京ですが、卸として四国などを除いてほとんどの県に出荷させてもらっています。主力はマグカップですが、３割ほどは和食器です。若い人たちにどこが支持されているか？　それは僕にとっても疑問な部分でもあります。決して別に新しいことをやったという意識はなく、「波佐見焼らしいか」という点にしても、逆に「波佐見焼って何なのですか」と聞きたい気持ちがあります。

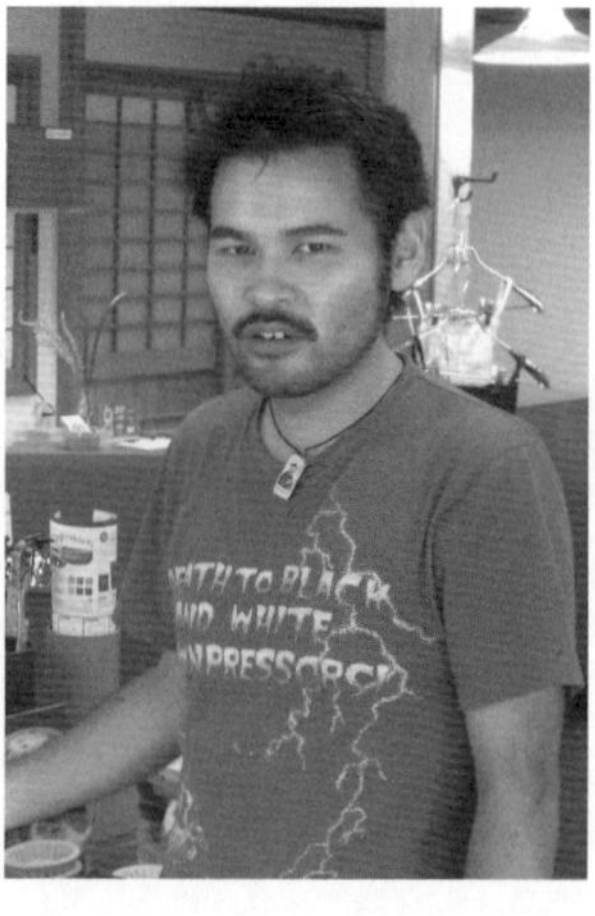

外に出ていたあと波佐見に帰ってきて、いろんな人に話を聞いて回って納得したのが、「波佐見焼というのは、これというのがないのが波佐見焼だ」ということでした。でもはっきりと言えるのは、隣の有田焼と違って大衆食器、雑器を作ってきたということ。この点を押さえておけば、波佐見で生まれた僕が波佐見の職人さんたちと作って

いるものは「波佐見焼だ」と言えるのではないですか。
でも、価格帯だったりデザインだったり、収納の問題だったり、単体で使ってもらうのかセットで使ってもらうのかなど、作りながらあれこれ模索しています。先週も展示会で大阪に行っていましたが、そのようなことを何度かお客さんに尋ねたり……。

お客さんに聞くわけですね。

そうです、お客さんの反応をみながら手探りでやっていくようなところがあります。たとえば色使いにしても、HASAMIブランドの1回目では釉薬についてお蔵入りになっていたサンプルの中から選ばせてもらいました。6色でした。できるだけトーン（色調）を合わせたいということで努力しました。2回目からは釉薬の職人さんにゼロから作ってもらうような状況でした。そして表には出ないのですが、専門家が見たら分かるという技術を入れ込んで、価格の割にはいい質のものも沢山提供できていると思います。たとえば植木鉢ですが、まず焼きあがって、マルヒロに来るわけですが、それに墨をつけるのです。墨汁に漬けてそれを乾かして洗って、そして貫入によって割れたところに墨が入る技法――これは波佐見町内では誰もやらないです。とても面倒だから。でもプロである窯元から見れば「そんなんまでやりよったい！」と話題になるのです。

ギャラリーに陳列してある一見プラスチック製のような器ですが、赤色や黄色といった原色を使っているようでいながら、微妙に違う色使いですね。なんとなく安心感もある。やはり質感だとか色調だとかにこだわりがある……。

こだわりですか、それはもうこだわりだらけ！
僕が制作から販売まで全部自分でやるとなれば、ある程度は自分でコントロールできます。でもこの波佐見は分業体制で成り立っていますから、僕がこういうものを作りたいというとき、生地屋のおっちゃんや石膏型屋の職人さんなどに仕事時間の何割かを僕のために割いてもらうことになります。だから作る前にものすごく調べるのです。

1回目はマグカップでしたが、1960年代のアメリカのダイナーで使われていたようなところから着想を得ました。2回目の植木鉢はメキシコのルイス・バラガンというランドスケープなど（公園など）の建築をやっている人から影響を受けています。今言われたグラタン皿はフランスのおもちゃの影響があります。

この町で器をつくるからには雑器を作らないといけない。この点を押さえたうえで、値段、使いやすさ、細工などあらゆることを計算してものを作っていく。ですから作り始めるまでの過程でかなり煮詰めているのです。

波佐見からいったん外に出られて、そのあと波佐見に戻ってこられたのですね。

18歳まで波佐見にいて、高校卒業後に福岡に行き流通の専門学校に通いました。しっかり勉強したというより、10歳~15歳年長の人たちと遊んだりいろんなことを教えてもらいましたね。要するにカルチャーですよ。その人たちが生きてきたカルチャーを教えてもらった。その後大阪のインテリアショップ（うちの卸先でした）で丁稚奉公のようなかたちで働きました。ところがそこが8ヶ月で倒産してしまったのです。しかたがないのでまた波佐見に戻って、そのときに父に「焼物屋を紹介してやる」と言われたのですが、正直なところ焼物にはあまり興味がなかった。福岡へ行き、ずっとアルバイトをして22歳のときに波佐見に帰ってきたというところです。

もともとうちはガサ屋、つまり、うちのじいちゃんが露天商からスタートして、B級品のさらに下の器を修正してそれを叩き売りしていた露天商でした。それで一家が飯を食わせてもらっていたわけですね。小さい子供のころは、父ちゃんやじいちゃんの横についていった経験があるくらいで、焼物に興味があるという風ではなかった。でもそんな境遇でしたから、人様には負けたくないという反骨の気持ちはあったのでしょう。今でも「こんなものは波佐見焼ではない」とか言われて、とくに腹を立てるわけじゃありませんが、「言うぐらいならやってみろよ」という気持ちはあります。

確かにヒット商品を生み出したと評価してもらっていますが、それが永続的に続くかどうか。白山陶器の醤油差しなどはものすごいもので、「あれ以外のものは醤油差しでない」という人もいるような状況でしょう。それに比べると売れる商品を一発当てただけと思っています。

今の若い世代の人たちは所得の点で決して恵まれているわけではない。それでも自分たちの買える範囲で自分たちが納得できるものを買いたい、納得できる生活をしたいという気持ちがある。その気持ちが着るものだったり、インテリアだったり、器に向かう。馬場さんの器にはそういう若い人々の気持ちに訴えかけるものがあるのでは？

お客のターゲットに関して「何歳くらいの層をターゲットにしましたか？」と聞かれるのですが、実は僕が大好きな友だちをターゲットにしていると言っていいでしょう。あいつとこいつに「カッコいい器だ」と言わせたい。彼らは洋服屋だったり音楽をやっていたりという人たちなのです。そういう人たちに「カッコいい」と言ってもらえれば、100万人が何と言おうと、友達の一人の意見のほうが僕にとっては影響力がある――そんな考えでこのブランドをやっています。

焼物をやっている人たちからすると「邪道だ」などと言われるかもしれませんが、陶磁器にあまり関心のなかった人たちに売りたいという気持ちが自分のなかにありました。焼物に詳しい人に「これが波佐見焼です」といって記憶に残してもらうのと、焼物に縁のない人たちに「カッコいいね！」と言わせて脳裏に焼き付けることを選べるのなら、僕は後者を選びたい。

焼物は波佐見だけでなく有田や美濃も全国的に売れ行きが頭打ちで苦境に立たされています。そんななかで馬場さんが従来焼物にあまり関心のなかった層にまで広げた意義は大きいように思えます。

HASAMIが当たったからよかったのですが……。HASAMIをやる前の2年間は一つの取引先に行くと、そこだけで波佐見町内の5つの商社と取引があるのです——堀江さん、西海さん、西日本さんなど。そのなかに食い込んでいくのは正直なところ難しかった。

なんとか頑張って、僕の方針ですが取引先には「注文が1個であれ1000個であれ、単価は絶対変えません」と言います。だってやる作業は一緒だから。マシーンで1時間作業すると1000個できます、それが1ロットです。では2000個にした場合、作業開始までにセットする時間は変わらないですから、要するに1000個生産しようが2000個生産しようが同じですから、発注個数によって単価を変えたくはない。

最終的にこんな器を作りたいという点はとことんこだわり、成型や生地、釉薬なども自分のイメージを大事にしたい。それを職人の方と詰めて作業することになります。1280度の窯のなかで15時間焼成するさい、窯の中の炎具合との共同で製品が仕上がる。予想外に鉄粉が一つついているだけでB級品になってしまう。

僕は今28歳です。同じ世代の人たちを念頭にして彼らに買ってもらいたいという気持ちが中心にあったように思います。僕が40歳、そして50歳になったときも同じ世代の人を対象に制作していけば、まあずっとなんとかやっていけるのではないでしょうか。

（聞き手：古河、綱）

もっとデザイナーをひきつける

陶磁器デザイナー　**阿部薫太郎**

スウェーデンのほうで勉強されたようですが、何年ぐらいおられたんですか。どんな感じでしたか？

いたのは、日本でいう前期部分だけの、1月15日から6月まででした。長期というわけではありませんでした。スウェーデンには学生として行っていました。波佐見に来て8年です。帰国後大学で助手の仕事をしていて、有田の窯業大学の教員募集があり九州に来たときに西海陶器の社長と会って、誘われて入社しました。最初はタイの工場にいたのです。2年ほどしてから波佐見に戻ったわけです。波佐見に来てみると、日本のほうがやっぱり技術力があると感じます。スウェーデンは今でも北欧の陶器として有名ではありますが、実は現在スウェーデンではほとんど作っていないという状態です。スタジオ・ポッタリーって言いますが、それは陶芸家なんだけれども多少量産できるという人たちが集まる集落があるという状態で、産業としてはもう死んでいると思っています。

北欧デザインについては、やはり日本で陶芸を

勉強されていたときから関心がおありだったんですか。

　そうですね。私が学生のときも北欧が日本でうけていました。何故だろうと思って、それで、やはり少なくとも行ってみないことには現状が分からないと思って、行ってみました。北欧って日本などより寒いので家で過ごす時間が結構長いということが分かって、室内を充実させるための陶器だったり、家庭の生活を考えてということでたぶん陶器の製品などが充実したんだなと感じましたね。

北欧デザインは、陶器だけじゃなくて、木製の家具とか含めて多種ありますが、その特徴というか、魅力とかというのは、言葉で表すとすればどんなものになりますか？

　実際に見ると分かると思いますが、ちょっと温かみがあるのは何でだろうと考えました。やっぱり物の丸みというか、デンマークもスウェーデンも同じなんですが、家具でもあまり尖ったものがないというか、少し丸いというか、角がないというか、何となく丸みが残っているというかな、デザイン的に言えばそんなイメージですね。波佐見焼とは少し逆行するかもしれないんですけれど、あんまり新規の開発をしないで同じもので絵柄違いの製品が作られるのもちょっと合理的ではあるなと。波佐見焼とはちょっと違うんですけれどもね。

阿部さんが作られているのが南創庫*に幾つもありますけれども、どちらかというと、やはり若い女性に比較的アピールするのかなという風に見ています。大体そんな感じですか。

（＊阿部氏がデザインした陶磁器のギャラリー）

　そうですね。先ほど言いましたように8年前の6月にこちらへ来てすぐ、翌年の東京ドーム（テーブルウェア・フェスティバル）にちょっと製品を出してみようという話になったので、自分が作るいろいろなものを展示するなかで、来客の大半が女性だということ、買うのもほぼ女性だということと等から女性客をターゲットにしました。それと、実はちょっと尖った男性っぽい商品を出したときに実はあんまり受けなかったんです。あんまり受けないものを今後ずっとやるのも、ちょっと自分としても厳しいなと思い、方向性を少し転換したという経緯はあります。でも反面、今は、それが流行りなのか分からないのですが、男性的な商品が結構受けているような気もします。

何年か前にヨーロッパの女性陶芸家でルーシー・リー展が日本でもありました。西海陶器の児玉さんと会ったときその話題になり児玉さんが一言いわく、「おれは器屋で長いこと商売をやってきたけども、ルーシー・リーにはものすごく感動した」と。そして「阿部さんの作る器の感性にどこかものすごく似ているところがある」と。私はその言葉が印象深かったのですが、そうだなという感じはありますか？

たぶん児玉社長が言おうとされたのは、形（フォルム）のことだと思うのです。ルーシー・リーの生きた時代というのは戦争があったりという、いろんな時代環境があって彼女自身がボタンを作ったりとか……。森正洋先生についてもそうなんですが、やはり時代という環境条件があってそういう人やモノが生まれるのかなと思います。

波佐見焼の場合は、要するに日用食器を作るというか、「用の美」というか、やっぱり基本的に使えるものじゃないといけない。ルーシー・リーの場合は、色とか形の実験というか、使えないようなものもいっぱい作っていますよね。阿部さん自身はデザインされる場合、製品が基本的に使われるものというようなことを意識されているんですか。あるいはそうじゃなくて、やっぱり作りたいという、制作衝動を抑えられないものを……。

現代はちょっと物が飽和している状態なので、そこで何を作るかと考えたときに、ずばりグラスみたいな普通のものを作るのは、たぶんすごい真っ向勝負というか、直球勝負なんです。うちの会社にも在庫が沢山あって、飯碗だけで何万個と在庫を抱えているときに、さらに飯碗を作るのもどうかなという状況でしょう。会社の一員としての制作活動であれば、今在庫で持っていないものを作るのがいいかなと思って、卓上にある小物だったり、使わないときに棚に置いていてもインテリアになるようにというのをイメージして作っています。

　買っていただいて、生活がちょっと楽しくなったり、毎日使ってもらうのがいいんですけれども、誕生日のように特別の機会に、私の作ったものが気に入って、「今日はこれを出そうか」といった食卓に出すタイミングを考えてもらえるような商品になったらいいなと思っています。

市場の動向といいますか、売れるものとの違いというのは、どのように整理されていますか。

　自分の作りたいものは、「essence《エッセンス》」というブランドですけれど、やっぱり売れないといけないという前提があります。例えば波佐見の窯元だったり、生地屋さんだったり、メーカーなど全体を考えると、「こんなばかでかいものを作っても窯に入らない」など、いろんな制限があります。陶磁器工芸でいうと、制限されているところに美しさがあるという……。やっぱり無茶な製造方法はできないということ、商品の値段も初めからある程度このぐらいで作りたいというのが自分の中にあって、そこから逆算していきます。

　そういう制約の中で自分の発想を含めて作るというところが一種の醍醐味でしょうか。

　そうじゃないと、陶芸作家のようになっちゃうので、一人でやったほうがいいという話になってしまいますね。でもたまには逆からもあるんですよ。

　8年前は、確かに制作者側からというのがちょっと強かったんですけれども、今は市場も見えてきたというか、こっちもいろんな仕事を受けているので、今の状況はもう大体分かりますので。

なるほどね。一般の陶磁器のファンからすれば、有田焼と波佐見焼は似た器として捉えられていて、どちらかというと有田のほうが上級のような認識があると思いますが、阿部さんにとっての波佐見の魅力はどういうところにあるというふうにお考えですか。

やっぱり、30代女性とか20代女性がまだ買える値段の商品を作れるというところじゃないでしょうか。もしかしたら、もうちょっとして生地屋さんがいなくなったときに、もう作れないとなったり、高くなったりするかもしれないですけれども、今は、それができるから、まだ一般食器を作れる状態があるということでは、生き延びることができる産地かなと思っています。

有田焼がそれほど高価とは思わないですけれども、手ごろな値段でクオリティーの高い商品を作れる場所としてやっぱり波佐見焼はいいかなと。

北欧デザインというと、イケアでもそうですけれども、トータルコーディネートという見方がありますが、器が置かれる環境とか、使われる状況はやっぱり意識されていますか。

さっきも言ったんですけれども、使い終わった後のインテリアにもなるように、箸置きで言えば、本当に箸を載せるだけの塊じゃなくて、終わって中央に集めたときに花瓶になったりしている箸置きがあるんですけれども、使い終わった後のことも考えて、本当のことを言うと、使うよりもインテリアとしてのほうがちょっと大きいかもしれないですね。

だから、結構考えてます。例えば東京なんかは家が今小さいので花瓶も平べったかったりするんですけれど、だから、平べったいからいいねという人は、もう、ずばり、あっと思ったりします。

丸で言えば、こんな塊のやつなんですけれども、平べったいこんなのがあって、見た目は大きいんですけれども奥行きがない花瓶があったりするので、それは特に東京の小さい家をイメージして作ったりしています。

富本憲吉氏も陶芸家でもあったんだけど、むしろデザイナーとしての面もあって、いろいろなもののデザインを考えられた。何かそういう意味では、波佐見はもちろん陶磁器の産地なんだけれども、やっぱりこれからもっとデザイナーをどんどん引きつけるようになれば特色が出るかもしれませんね。

私もいろいろなデザイナーさんと仕事をしているんですけれども、大きく二つあって、無理なものをこう作れというデザイナーさんと、こっちの意見を結構重要に考えていただいて、製造側からの意見を聞く、全然違う二つがある。これは陶磁器に関しては制限があって、皿でも、落ちたり、焼いたらぐにゃっとなったりというのを無視して作ることはできないんですよ。そこは、やっぱりこの産地にいてやる人じゃないとちょっと難しくはあります。依頼を受けたら自分から、こうしないと無理ですというやりとりはできるんですけど、ぽんと入ってきても、たぶんすぐにはできないので、いい意味では、波佐見の人とかメーカーさんとか生地屋さんと、わいわい話でもしてからじゃないと、制限が結構ありますから、たぶんいきなりは難しいかもしれないですね。

（聞き手：古河、綱）

第2章

つかう

テーブルウェア・フェスティバルに見る消費者トレンドと波佐見焼

テーブルウェア・フェスティバル
エグゼクティブプロデューサー
今田功

皆様こんにちは。ただいま紹介いただきました、テーブルウェア・フェスティバル実行委員会プロデューサーの今田です。

この「テーブルウェア・フェスティバル～暮らしを彩る器展」は、生活文化イベントとして毎年二月に東京ドームで行われ、今年で20回になりました。9日間で28万人の一般来場者を迎えるイベントで、来場者の90％が女性、10％が男性です。入場料が２０００円と高いのですが、器に興味があるだけでなく、生活の豊かな、食卓に関心のある方が多く来場されています。本日は女子学生の方もたくさんいらしていますが、来場者は皆さんのお母様の年齢の方が多いかと思われます。またこのイベントは2月のとても寒い時期なのですが、東京だけでなく近県をはじめ全国から足を運ばれ、滞留平均時間が3時間半と比較的長く会場を楽しまれます。

このテーブルウェア・フェスティバルの会場構成は、ヨーロッパを中心に海外の器をはじめ国内の陶磁器、漆、木工、銀、鋳物、ガラス等の器の

展示、食卓関連商品の紹介などテーブルセッティングを中心に展開しており、文化人や芸能人によるテーブルセッティングの提案もございます。その他では器のコンテストやテーブルセッティングによるコンテストもございます。さらにステージイベントも楽しんでいただき、販売のコーナーもございます。日本の焼き物に関しては全国から、たくさんの産地が参加しており、産地の個性や特徴を活かした作品の展示や販売もされます。また新作の発表の場でもありますので、一般の来場者だけでなく、商社や流通関係の方も多くお出でになります。

藩の数だけ焼物産地

日本では古くから全国どの地方も焼き物を焼成しており、江戸時代は藩の数だけ焼き物産地があったと言われています。今も大小いれると150の産地が存在しており、江戸時代から引き継いでいる産地がたくさんあります。江戸時代末期、日本には藩の数が300以上あり窯を持った藩が多く、財政として大きな収入源だったといわれています。廃藩置県により少しずつ淘汰されましたが、九州の有田焼、波佐見焼はそのなかでも大きな経済的収入源の代表格といえます。

かつてシベリアで1万2000年前の土器が発見されましたが、日本の土器はそれより古く1万5500年前の土器が発見されています。中国でも同様に古い土器が発見されていますが、日本の焼き物は世界最古クラスの歴史を持っているのです。そして奈良時代には朝鮮から轆轤《ろくろ》の技術が導入された器が作られ、16世紀末には豊臣秀吉の朝鮮出兵により、九州や中国地方の武将がそれぞれ自国へ陶工を連れ帰り、独自の窯を開き、焼き物を発展させて自国の大きな財源にしたのです。

そのなかでも有田焼は、肥前の領主・鍋島直茂が連れ帰った朝鮮の陶工、李参平が1616年に泉山で白磁鉱を発見し、日本で初の白磁の焼成が始まったのは有名な話です。九州を中心とした各国、各窯のなかで朝鮮の陶工を大切にし武士名を与えた国があるのは、当時いかに焼き物が地方の国の財源であったかを伺わせるものです。国ごと独自の窯の技術、特徴、焼成技法は秘密にされ厳しく藩によって管理されていたことにより、日本全国の焼き物産地の特徴が今日に伝えられているのかもしれません。

日本には江戸時代、藩の数だけ焼き物産地があったと申し上げました。磁器に関しては陶石の取れる産地は限られていますが、陶器は全国どこでも粘土が採取でき、当時は燃料として山から焼成力のある赤松が取れたのです。焼き物に必要な粘土と燃料が日本全国どこでも手に入った。技術があれば陶磁器が作れたということです。それは江戸時代に各藩が競って奨励した結果です。ヨーロッパの場合はこれと異なり燃料が石炭だったので、石炭が採取できる地方に粘土や陶石等を運び、そこを焼き物産地としたので、日本ほど産地が多くありません。イギリスではご存知の陶磁器メーカーのウェッジウッド、ミントン、ロイヤルドルトンはストーク＝オン＝トレントという町にあります。この町は石炭が採取できる地域なので陶磁器が作られています。日本は世界のどの国と比較しても、他にこれほど多くの焼き物産地を有する国はなく、世界のなかで日本は焼き物王国と言っても過言ではないと思っています。

明治政府とウィーン万博

ある企画でウィーンに行ったおり、オーストリア応用美術博物館を見学したことがありますが、館内に所蔵されている昔の日本の工芸品、美術品の多さに驚きました。学芸員の案内で江戸時代のさまざまな浮世絵をはじめ、素晴らしい有田焼、三河内焼、京薩摩など沢山の古い陶磁器、そして漆などさまざまな日本の工芸品の展示を見せていただき、さらに所蔵庫まで案内いただきました。これはこの博物館の収集力ゆえでもありますが、明治６年、当時の明治政府がウィーン万博に出展するため日本から持ち込んだ作品がたくさんありました。明治初期の日本国はヨーロッパにとって後進国と見られていたため、政府は全国から沢山の工芸品、美術品を元薩摩藩の館に集め、そして優秀な工芸品を選定して、ウィーン万博に出展しました。それらはヨーロッパの多くの人々から賞賛を得ることができました。会期後、展示品の三分の一をオーストリア政府に譲り、三分の一を販売し、三分の一を日本に持ち帰ったといわれています。そのときの工芸品が今も大切に保存されているのです。そのような事情も踏まえ、2009年にはテーブルウェア・フェスティバルの会場で、海外特集ウィーン企画展示を催しました。そのおりはオーストリア応用美術博物館から有田焼、三河内焼の作品を一部お借りして「一時帰国」と題して会場で展示することができました。

明治政府はその後の万国博覧会に対して前向きに取り組むだけでなく、日本国内の工芸品の発展に積極的に取り組み、世界に向けて日本の文化、工芸、美術のすばらしさをPRしていきました。全国の焼き物の産地、漆産地の美術館や資料館を回りますと、明治時代の工芸品の素晴らしい作品にたくさん出合うことができます。当時の政府が工芸、美術の発展に行政的に深く関与し応援していたことは、現代の行政の現状をみると考えさせられるものがあります。

江戸時代から明治、大正、昭和そして平成と、日本の陶磁器文化は時代とともに一般の生活者のなかに広く浸透していきました。今の日本の標準的な家庭の台所の棚を想像してみてください。メニューの数だけ食器があると思います。和食器、洋食器、中華食器、漆食器、木器、ガラス器など、和食器だけでも大鉢、小鉢、お皿、茶碗の各種など、世界の家庭でこんなに食器の種類を一つの家庭で持っている国はないと思います。さらに現在、異国料理・創作料理に合わせ食器の種類が増えようとしています。ヨーロッパを取り上げてみると、イタリアではイタリア料理にあった食器があり、フランスではフランス料理で使える食器が主流で、日本は日本食にこだわらず料理の種類が多く、食文化とともにまさに食器文化の大国であると言えます。

日本のように多くの小皿や小鉢を使う国はほかにあるのか、日本はどうしてそうなのかと疑問に思われる方もおありでしょう。私の考えを少し述べてみたいと思います。中華料理の場合、料理はターンテーブルに乗せられ、めいめいが取り分ける器の数は少なめです。日本の場合には「見せる料理」という側面がありますから、器と料理を一体にして見せるのですね。もうひとつ、料理が出されたとき小鉢の数が多いということは、手がかかっています。「手をかけてあなたをもてなしています」という思いやりの気持ちが表されているのです。だから料亭や旅館でもやたら器の数が多いのは、それだけのもてなしをしていますということなのです。さらに言えば、もてなしの中で小鉢が沢山あって料理の品数も沢山だったら、だいたい女性は「来て良かった」となります。もう一つの「来て良かった」レストランは料理の最後にでるスイーツです。大きなプレートにアイスクリームとケーキとゼリーの３つが入って、おまけにそれが美味しかったら「うわ、来て良かったわ」となるのですが、最後のデザートがたいしたことがなければ、「またそのうちね」になってしまいます。そういう意味では、最初の料理と最後の料理に美を添えるということが大事にされる。そういう感性を持っているのが日本人です。食卓を楽しむための知恵は日本人がナンバーワンだと思います。ほかにこんな国はあまりございません。このようなバリエーションを楽しむ日本人の感性を皆さんが失わないでほしい。これは「生きた無駄」とも言えますが、日本人が持っているとても大切な美だと思います。面倒くさがらないで、愛情をこめて一生懸命やると、お客さんや相手はちゃんと応えてくれます。

日本料理はもとより、フランス料理、イタリア料理、中国料理、アジア料理、インド料理などのアジア料理等、数えるときりがないほど取り入れ、世界の料理が日本に集まり、さらに創作料理として今でも日々新しい料理が誕生しています。よって私は日本人は、世界のなかで舌の感性が一番で、幅広い味覚を持っているのではないかと感じています。日本料理・日本創作料理はプロの世界でも注目されています。料理の鉄人でお馴染みの服部先生が企画されている、世界の料理家が集まって行われている世界料理サミットでは、発表される数日前から世界中から集結したシェフたちが、行きつけの和食料理店や行きたかった料亭の板前に会い、さらに新しいお店をみつけて板前やシェフの料理を堪能して、日本の料理や創作料理を研究しています。したがってフランス、イタリア、スペインのレストランの中には、日本の懐石料理を参考にした創作料理や創作食器が多く見られるようになりました。今、ヨーロッパでは日本の箸を使える人がとても多くなりました。仕事の関係で外国の方にお土産に箸を差し上げることがありますが、皆さんとも「私は箸を使えます」と言われます。ヨーロッパでは箸を使えるのは社会的に食文化のステイタスなのかなと感じます。今世界で「寿司スタイル」をはじめ、日本食が静かなブームといわれております。今後、日本食がヨーロッパをはじめ世界的に広まっていくとしたら、箸を使える食器、漆をはじめ種類の多い日本の陶磁器が広まっていく可能性があると予測できます。

波佐見焼は食器の大産地

先ほど日本の陶磁器は江戸時代から各産地とも藩の大事な財政源であったと申し上げましたが、その裏では当時から受け継がれてきた技術、技法、様式が現代に引き継がれ、先人の恩恵をうけた現代食器がたくさんございます。その中でも江戸時代後半に大量に生産された産地があります。中部地方では志野、織部、黄瀬戸などの様式を引き継いだ美濃焼や瀬戸焼、九州では磁器に代表され染付け技法を引き継いだ有田焼そして波佐見焼です。有田焼はかつて、17世紀半ば、中国の内乱により、中国に代わって伊万里港から東インド会社を通じてヨーロッパへ輸出され、貴族好みの華やかな陶磁器が珍重されました。しかし、国内では食器として染付けの器を中心に大量に生産されるようになり、時代とともに武家、商人、町人のあいだに広まりました。あまり知られていませんが、波佐見焼は食器の日本最大の大量生産地だったのです。全盛期には茶碗の生産をはじめとして日用食器がもっとも多く作られたようで、食器の生産量が多いことを裏付けるのが江戸時代後期の巨大窯です。33窯室160m級の登り窯が数台もあったと言われています。海外へは東南アジア・ヨーロッパへの輸出商品・醤油を入れるコンプラ瓶などです。波佐見の町に行くと今でも昔の焼き物の破片をあちらこちらで見つけることができるのは、たくさん製造していた証かもしれません。

テーブルウェア・フェスティバルの会場で、3年前から注目されているのが波佐見焼です。それは先人たちが残してくれた庶民むけ日用食器の生産と、こだわりと技術、楽しく使いやすく、使い手が喜ぶ……そして時代のニーズにあった器の追求――その考え方を今の時代に反映すべく作り手がそれぞれの個性をもって立ち上がったからです。作るだけでなく、消費者に問い、やり直し、魅力を添え、今の時代のトレンドを取り入れ、さらに繰り返して各々が完成水準に近づけようと努力しています。そのプロセスがテーブルウェア・フェスティバルの来場者に好感を持たれて、注目を浴びているのです。

生活トレンドは「選べる時代」

では現代の女性消費者の生活ニーズ、生活トレンドはどのように変化しているのか、この20年間のテーブルウェア・フェスティバルの来場者を参考にして市場分析してみましょう。今の時代は豊かな社会になり、物が豊富で「探す時代」から「選べる時代」になりました。市場では次から次へと新商品が出てきており、お店だけでなくネットでも買い物ができるようになりました。さまざまの物を目的に合わせて選択でき、その選択の中から個性を抽出できることにより、個性化現象が高まってきています。かつてのマス・ブランド商品から自分に合ったブランド商品、さらに自分に合ったオリジナル化ニーズへと変化しています。陶磁器業界も企業ブランドから個性ある商品ブランドへと変化しており、またブランドにこだわらずオリジナリティーの高い物を選択する人が増えてきています。そして食器でいえば、5～6個セットの高級ブランド商品の購入から、1個ないし2個購入への変化、同じサイズの食器なら色違い・柄違いの商品を選ぶようになってきました。さらにギフトも高級でフォーマルな感覚のものから自分が気に入った、あるいは使ってみて良かった商品を相手にプレゼントする「パーソナルギフト」へ変化してきています。かつての高級企業ブランドから今は個人の価値観が認められる上質な商品へと変わってきました。個人の価値観も多様化しており、生活の中にも二極化を取り入れ、高価な商品ブランドを購入する反面、百円ショップで合理的に買い物をするように使い分け、自己の満足感をコントロールするようになりました。生活様式についてもかつての和空間から洋空間、そして現代は和と洋を共生させた和洋共生空間を楽しむようになりました。食の世界も同様で、現代は和料理と洋料理で賑わう和洋共生の食があたりまえの生活で、それに合わせて和食器と洋食器がどの家庭でも共存しています。テーブルウェア・フェスティバル会場でも、和洋共生の素敵なテーブルセッティングがたくさん見られます。ここでも新しい時代の個性あるオリジナル食卓空間が誕生しています。当会場企画のテーブルセッティングコンテスト部門では、数年前から〝食卓自分流〟を推奨しています。女性の個性的なオリジナリティーのある創造性を応援しているからです。

現代の女性の年齢意識について触れてみますと、テーブルウェア・フェスティバルへの女性来場者のアンケートを分析したところ、40～60歳代の方が多いのですが、装いや行動や購買意識を見ますと、ご自分は世間の女性より10歳以上は若く新しい感性を持っているという意識があり、アクティブな感覚で商品を選択されています。クリエイティブな感性をもって会場をご覧になっています。よってフェスティバル会場において、その構成や考え方も来場者の年齢にこだわらず、常に新しい感性を導入し、アレンジからコーディネイト、さらにクリエイティブで個性的な提案型で検討しようと会場企画を心がけています。

波佐見焼はカジュアル

……ここで、今年度（２０１２年）20回目の節目となりましたが、今年も９日間で28万人の来場者を迎えることができました。東京ドームでのテーブルウェア・フェスティバル、その会場風景のＶＴＲを15分間にまとめてございますので、ご覧ください。（映像）……

ただいま映像をご覧いただきましたが、さまざまな器、食器の紹介と展示だけでなく、毎年、海外をはじめ国内の陶磁器、漆、木工、銀器、リネンなど食卓関連の商品を含めて新しい新商品の提案、食卓シーンのテーブルウェア・コーディネイトの提案を軸に企画・構成いたしております。来場者も、新しい食器の発見、食卓の新しい考え方を求めていらっしゃいます。入場者の70％が常連者で、比較的生活が豊かな方が多く見受けられます。当会場には販売コーナーがありますが、すべて「バーゲン禁止」「赤札禁止」になっており、出展者には商品に対し自信をもって販売するよう指導しています。

企画商品の多い東京ドーム会場のなかにおいて、当会場で波佐見焼がこれほど人気コーナーになっている要因は、今の時代ニーズにあったトレンド企画商品が多いということなのです。今、来場者が探し始め、求めたい商品とは華麗な食器ではなく、またかつてのブランド食器でもなく、使いやすく、新しく食卓を提案するようなカジュアルな商品なのです。20年前のアパレル業界は有名ブランドを皆が競い合うように買い求めていましたが、食器業界も同じように華やかなヨーロッパの有名ブランドが飛ぶように売れました。当時は東京ドーム会場においても、ブランド食器によるテーブルセッティングで賑わいました。しかし昨今は、企業ブランドに自分を託すのではなく、自分の生き方、自分スタイルを探し求めるようになってきました。そして素敵なブランド物を持っている人に憧れるのではなく、「素敵な生き方をしている人が持っているものが素敵」と、素敵な生き方のプロセスを賛美するようになりました。突っ張らず、自分流、自分スタイルを見つけたい志向の表れだと思います。会場においてもほとんどの方がカメラを持っており、新しいものの発見、共感商品の模索、新しい提案のテーブルコーディネイトのスタイルを見つけてシャッターを切っています。作り手のコンセプト、デザインへのこだわりと考え方、積極的コミュニケーション、自分好みのものの選択、そして自分探しのためか、最近では好き嫌いがはっきりしています。

波佐見焼ブースが女性の人気を集めているのは、バリエーションに富んだ食器、お洒落でカジュアルな器——自分を探すにはうってつけだからでしょう。その波佐見焼の作り手たちも、各々の窯、商社とも、現代の女性ニーズを研究し、創作活動において自分を探しています。新しい器を開発し東京ドームでお客様と接し意見を聞き、手直しを繰り返しオリジナル商品を模索し、自分たちの個性ある商品作りをめざしています。その姿勢がお客様に受けているんだと思います。江戸時代に生活食器を作り続けてきた波佐見の先人、その意を汲んで現代の波佐見焼の作り手が新しい時代の食器作りに挑み、立ち上がろうとしています。窯元や商社による商品開発の取り組みにさいし長崎県庁、波佐見町の職員の方々が一生懸命に応援しており、技術研究では長崎県窯業技術センターも助言・協力し、訪問アドバイスにおいては私とテーブルコーディネーターの田中ゆかりさんも一緒になって助言し進めています。このような形で、作り手である窯元と商社そして行政が共に協力しあって商品開発している産地は、現在全国では珍しいと思います。

コンセプトを練り上げる

有田焼をはじめ他の産地でも個々の窯元や商社

で努力はされていますが、テーブルウェア・フェスティバルのように作り手がお客様に直接会うということは意外と少ないのです。波佐見においては工業組合や波佐見焼振興会がしっかりしているものですから、作り手が東京ドームの現場に足を運んで、自分たちでも売ることによってお客様とのコミュニケーションを図ろうとしています。そうすると自分が何をしなければならないのか、どういうものを作ればいいのかなど、おのずと発見できるわけなのです。一般に、作り手の方は自分で意匠・デザインはされるのですが、お客様のマーケットニーズがわからないのです。思いつきやデザイン、コンセプトが多少あったとしても、それを育てる手段がないのです。何となくコンセプトを作ればそのまま行けるというのではなく、コンセプトというのは作ったら手直しをしなければなりません。言葉の上ではきわめて単純なのですが、「自分が作ったものがだめだった」とかマーケットとキャッチボールしながら、コンセプトを練り上げていくことが大事なのです。だから、作り手が「製品は作れても商品がない」と言うのは、そこなのです。実際に自分たちが作って、自分たちが店頭に立って売り、そして反省し、お客様に教えてもらいながらやっていく。波佐見はそれをやり通しているということです。

ズレない開発プロジェクト

波佐見焼の中で独自の考え方で商品開発をめざしている商社、窯元の取り組みを数点紹介しましょう。本来ならば完成した商品を見ながら説明すると良かったのですが。ひとつは、今まで白磁に和風の染付けの器を手がけていましたが、全く新しい挑戦で白磁による造形の美しさ、白磁の素材の白を活かした洋食器、さらに白い果物や花の造形フォルムのフィギュアへの挑戦による白いアミューズメントといったカジュアル商品作りが注目されます。また器のバリエーションを広げるためにオリジナルなカラーを研究し、好きなカラーの食器を選べるようにカラーバリエーションのモダンカジュアルな食器開発をやっている。さらに昔からの伝統の技、風合いを生かし大切にしながら、新しくモダンな風味・風合いを挿入して現代商品に仕上げた新・旧共生の食器を手がけた人。自分の従来からの器にアールデコ感覚を取り入れ、新しい風合いを生み出して仕上げた現代のアールデコスタイルの食器を創った人。さらに、作家としての高い技術を所持しつつデザインという機能美を追求し、女性の感性を大切にした、手の込んだ技法にやさしさとモダン感覚を取り入れた、商品というより作品、まさにデザイナー作家が作った食器の試みなど。皆さん創作にさいし意匠や形の思いつきでデザインするのではなく、食器づくりの考え方、コンセプト、自分の信念をもって取り組んでいるため、各々個性的でオリジナルな商品開発になっております。そして市場において自分の求めるトレンドターゲットを見極めて開発を進めることにより、自己の目標がしっかり明確になった商品創りになっているのです。また、この波佐見焼開発プロジェクトは上質なカジュアル商品の開発をめざすことをチームのコンセプトとしているため、それぞれの個性があっても開発コンセプトにズレがないのです。

そして今後、各社、各商社ともお客様とのパートナーシップが出来上がったときにその力をさらに発揮すると思われます。自己の考えるコンセプトや個性的商品の開発をめざす限り、類似の諸品やバッティングする商品もなく、身近にライバルはなく、むしろ産地のチームワークが強化されています。この波佐見焼のプロジェクトはそこをめざして進んでおります。この波佐見焼の勢いは今やすでに他産地や業界において評判になってきております。現在低迷している全国の焼き物産地にとって、この波佐見焼プロジェクトの考え方、取り組みは、今後、全国の各産地の活性化にとって参考モデルになると思われます。

食卓の感性に応える

これからの市場、消費者の生活ニーズはどんどん変化するとともに、流通業界においても食器の販売は大型店頭販売だけでなく、専門店、テーマショップ、コンセプトショップ等が増えてくると思われます。一方で通販、ネット販売が盛んになり、家庭で色々なものを居ながらにして買い物が出来る時代です。作り手も作るだけでなく、市場のトレンド変化をいち早くキャッチし、消費者の購入動向の変化を認め、守りではなく発信していく時なのです。陶磁器業界の作り手は意匠やデザインの追求および器の商品作りだけにとどまらず、食空間や食卓の提案を心がけ、異業種交流など他の産業にもっと目を向け視野を広げるべき時代です。

洋服も季節や気分、ＴＰＯによって着替えるように、食卓も今後は着替える時代です。すでにテーブルコーディネイトの世界ではおもてなしのシーンにおいて、例えば４人のおもてなしセッティングの際、同じサイズの皿を使おうとするとき、その皿の柄あるいはデザインが違うものを使用してテーブルセッティングをする等、好みで食卓環境を変えて自分スタイルをアレンジし自分流を楽しむようになっています。このような女性生活者の自分スタイルの追求、クリエイティブな生活ニーズは今後ますます変化し続けていくと予測されます。

生活者の自由な発想の食卓感性に応える、上質なカジュアル商品の開発という、新しいトレンドマーケットをリードしていこうという目標を掲げた波佐見焼の商品開発、これこそが新時代の発展する一つの産地のあり方であると思います。

本日は私が20年間プロデュースしてきたテーブルウェア・フェスティバルを中心にお話をさせていただきました。どうもありがとうございました。

（２０１２年12月８日長崎県立大学での講演会の内容に基づき修正・加筆）

センスと食育

テーブルコーディネータ　田中ゆかり

テーブルコーディネータとして窯元の方々にアドバイスをされていますね。毎年東京ドームで開催されている「テーブルウェア・フェスティバル」出展の窯元さんには今田功氏と一緒に助言・指導もされています。

この作品（写真）は来年の2月の展示会に出そうとしているものです。磁器で作ったかすみ草と網目の細工のフラワーベースです。ステキな製品でしょう。こんな風に薄くて繊細な磁器が、手のひらと指先で出来るのです。製作者はこの網目を専門になさる方で波佐見では一軒だけになってしまいました。これまでは中国の幽玄の世界を墨絵で描いたような柄をつけておられましたが、需要が減少していたものですから困っておられました。もっと売れるために何かを足さなければと、色をつけたり加飾したり試みられたのですが、方向性が定まらずにおられたのです。網目の技術がすばらしいのだから加飾なんていらないとアドバイスを受け、真っ白の生地を生かしたこの形になりました。この時ご本人は、目からうろこが落ちたようだったと回想されています。本当にずいぶんと

磁器で作ったかすみ草と網目の細工のフラワーベース

努力されました。

東京ドームの「テーブルウェア・フェスティバル」に出展される窯元さんを一軒一軒まわって助言などさせていただきましたが、それぞれ窯の大きさや作風、得意な技法など違いますから難しいこともあります。2日間で全体会議の後15軒回るとなると結構疲れます。私は器を使って楽しむ立場からいろいろアドバイスを申し上げます。たとえばこのカップなど有田焼の場合大きさにはとてもこだわって作られるようですが、波佐見では何にでも都合がいいようにと、少し大雑把なところがありますから、私の手には少し大きいのです。女性の手の大きさとか、暖かいものが冷めない大きさとか、使う立場からの助言は男性中心の作り手にとっては新鮮なところがあるのでないでしょうか。今田先生の方はもう少し踏み込んでデザインのことまで助言されます。東京ドームのお客様はこうですよとプライスの考え方までアドバイスされます。

ここでテーブルコーディネートの教室をされており、また高等学校の生徒さんにも教えられていますが、高校生にはどういったことを教えられているのですか。

高等学校もいろいろですが、佐賀県立牛津高校に調理師免許が取得できるコースがあり、目的意識のとても高い生徒さんたちがいます。３年間で料理の腕前も相当のものになるようです。そこでは、美しい器がこんなにあるということを、まず沢山の写真で見せます。さらにコーヒーカップにアイスクリームを入れて遊び心を表現したり、盛り付ける本人の見たて（センス）でいろんな使途があることを示すとびっくりされます。生徒の目も真剣でキラキラしています。

ところが普通高校に出かけて行って話をすると、受験勉強ばかりしているからなのか「ふん、食器か」みたいな感じで授業をうけるのです。そこで、「自分が食べているご飯茶碗って自分専用なの？」と聞くと、「うん、そう」みたいな感じで。そして「絵柄はどんなのか覚えている？」と聞くとあまり関心がない生徒が多いようです。どうしたものかなと思案します。牛津高校では食品調理科の生徒に「食と器」の授業を二十数年させていただいており、平成25年に新設されたフードデザイン科では一年生から「食器を知る」ところから「テーブルコーディネートの基礎知識」までを科目に入れていただき、調理実習の試食の際、自分で一人分のコーディネートが出来るようにと、女性の新任校長の下で改革が始まっていて期待をしております。

やはり若い人たちに知るチャンスを作ってあげないと。調理師専門学校に行っても器を勉強する授業はほとんど無いようです。その生徒たちは就職して先輩同僚から盗んで覚えるような環境でしょうから、器を知るのは個々人の感覚や努力によるところがかなりあるのでしょう。昔の板前さんは生け花や俳句や三味線など、いろんな粋な遊びをお稽古として食や器について研鑽したと思うのですが、今は勉強の仕方も違ってきているのかもしれません。

私たちもどちらかというと「学校の勉強」の世界で生きてきた人間ですから、器やインテリア、服装などの美しさについては素人の部類に入りますが、この美しさを伝えることはとても大切なことだと思います。それには感性が重要で、感性の教育が大切だと思うのですが、テーブル・コーディネートに洋食器と和食器で違いとかありますか。

美しさを伝えることはなかなか難しいですね。人それぞれで感性や生活レベルなどいろんなものが違いますから、正直なところ何が美しいかを伝えるのは難しいです。まあ私はそれに関わることをビジネスにしているわけですが……。美しいものの合理的な対価についても、根拠があるようでないようですしね。

今コーヒーをお注ぎしましたが、コーヒーポットは本来西洋の場合は片手で給仕するものですから、ポットの蓋はポットを傾けても取れないように作っておかなければなりません。しかし日本の産地ではそういう工夫が必ずしも行き届いていないので、もっと幅広く勉強しなければなりません。

洋食器の場合と和食器の場合で大きな違いがあります。パン皿はパンを入れる、ディナー皿はメイン料理を入れると決まっております。和食器の場合、その人の見立てでどのように使ってもいいのです。たとえば焼皿と言うと、焼いた魚しか盛れないかというとそうではなく、その人の感性で前菜を3種ほど盛りつけたり、いろんな使い方を表現できます。洋食器より難しくて楽しい世界ですし上手くいったときは発見と言いますか、満足感があります。そうなると結果的に「あの人はセンスがいい」ということになるのです。ワイングラス、ナイフ、フォークなどロマンチックでいいなと昔は思っていましたが、和食器の場合は「祝いの喜びや別れの悲しみ」を器の形や絵柄に託したり、四季に合わせたあしらいがあり、気持ちや自然との対話など奥深い表現が西洋の食器とは異なっています。

立ち居振る舞いや食事の際のマナーは、人間のいわば美しい動作をまとめたものとも言えますね。最近はそういうことを学ぶ機会が少ない、とくに若い人たちのあいだで少ないような気がします。

そうですね、この先どうなっていくのか危惧を抱くことがあります。たとえば幼稚園や保育園などに呼んでいただいて、食育について話を求められるのですが、まず部屋に入るとお母さんたちがとても若くて金髪で、うん？　ここは外国かなというような（笑）、私が想像していたお母さんのイメージではないのです。世代のギャップがあるのでしょうが、箸置きなどを知らないお母さんがいらっしゃることには驚きます。幼稚園の先生方が子供たちのなかで箸がうまく持てない子供が増えたと嘆いておられるのですが、家庭で箸置きを使わないから箸の上げ下げそのものをお母さんから習わないのです。

最近は働いているお母さんも多く忙しいですから、朝食もとらずに保育園に子供を連れてこられる。そうすると子供たちは午前中に貧血状態になったりする。「朝食は何をどのように食べさせておられますか」と尋ねると、「朝刊に広告紙が折り込まれていてその裏側が白だから、その上でパンを食べさせます」と。まあ、器が売れないのは当たり前ねと妙に納得した覚えがあります。忙しくて食器を洗う時間も惜しいようなことは私も経験がありますから理解はできます。でもそれがずっと日常になり、その子が高校生になりやがて親になったとき、また自分の子供にそうやって食事させるのかと思うととても心配になります。たまたま私が食卓に関することを職業にしてしまったため、やや辛辣にとらえているのかもしれませんが。

女性の社会進出も進み、女性たちもいろんな方面で能力を発揮するようになっています。忙しい世の中でどの程度のマナーが必要なのか難しい面もあるでしょうが、マナーとは本来人々が一つの

テーブルを囲んでお互いに楽しく会話したりいい時間を過ごすことが基本にあると思いますが。

そうですね、「テーブルコーディネート」等の言葉で表現すると、特別な響きで裕福な奥様が高価な器を並べて喜んでいるような誤解があるようですが、そうじゃなくて、家庭でも同じですが、料理のレパートリーも決して多くなくても家族やお客様をどうしたら喜ばせることができるか、その「愛」の気持ちを食卓に表現することが基本だと思います。

数年前、波佐見で開催された「日本再発見塾」で標語として「手に届く幸せ」というものがありました。いい言葉だと思います。私もささやかですが「おもてなし教室」としてここで、また呼んでいただければいろんなところで、23年間「おもてなし」の心を伝えようとやってきた次第です。

2年ほど前、長崎県立大学が三川内との連携事業で三川内焼について調査し幾つかの提案をしたことがありました。そのとき、ある学生グループが、使われなくなった欠損品の茶碗や皿を不満解消に壁にぶつけるイベントを提案しました。出席されていた窯元の方は「それは面白いかもしれない」と理解を示されたのですが、評価委員として出席いただいた田中先生は「いや、私は賛成できない」と言われましたね。印象的でした。

どうも覚えていてくださってありがとうございます。窯元さんがそれぞれ一生懸命に心をこめて作られた器ですから、いくら売れないからといって、そのように扱うことには抵抗感がありました。私はアドバイザーとして「ああしたらどう、こうしたら良いのでは」といろいろ言っていますが、私自身焼物を作ることはできません。出来上がったものにいろいろ言うのは簡単ですが、出来上がるまでが本当に大変だと思っていますので、今でも気持ちは変わりません。

ただ料理のなかに鯛の塩釜でしょうか、鯛に塩などをまぶして素焼きの焼物に入れて焼いて、そのあとそれを割って取り出して食べる料理があったはずですが、あれは特別だと思います。

窯元さんに聞き取りしたなかで「30代は感性があっていいのだが、歳をとるとスキルは上がっていくが感性が若いころに比べると劣ってくる」と言われたことがあります。田中先生のような外部のアドバイザーの意見を職人さんたちはどのように受け止められますか？

いろいろですね。東京ドームの意匠開発事業で、年齢は私ぐらいの非常に立派な腕をお持ちの職人さんに、「よそから来た人にそんな勝手なことを言われたくない」と抵抗されたこともありました。私たちも強制することはできません。あくまでヒント、きっかけを提供するわけです。それに食いついてきた人、試みてみたがうまくいかない人についていては、そこからまた発展していくわけですから、それなりに成果につながっています。

窯元さんが一人で東京ドームで展示会をするとなると何億円も用意しなければなりません。今は補助金もいただきながらの事業ですが、新技術にチャレンジしたり新しい出会いがあったり、陶磁器の売上に表れる以外の成果もあります。抵抗感がありながらも自ら動いてチャレンジする人には、それなりの実績が上がってきていますから、ご褒美がもらえていると思っています。

（聞き手：古河、綱）

食器と食文化

「分とく山」料理長　**野崎洋光**

先生と最初にお会いしたのは2010年に波佐見町で開催された「日本再発見塾」でした。そのときは主に主婦の方々に料理指導をされたのでしょうか？　いかがでしたか。

波佐見町には独自の文化圏が無いと皆さん思っていらっしゃったようですが、鯨料理があったり意外と面白い、独自の文化が残っているという印象を持ちました。やはり長崎という土地柄なのか、東北地方などと違いますね。外国の文化が入ってきたという要因が大きいのでしょうね。「日本再発見塾」のときも言いましたが、磁器というものが出来て日本は本当に食文化が変わったのです。今般、和食が世界遺産になりました。でも世界無形文化遺産になる「和食」って何なのか意外と知られていないのです。懐石料理や京料理じゃないのですよ。それは却下されたのです。ご存じなかったでしょう。今般推薦されたのはご飯と味噌汁とおかずの一汁三菜です。そのさいね、ご飯茶碗って実はご飯を食べるのに「茶碗」というのは不思議だと思いませんか？　面白いことに磁器のことを「茶碗」とも言ったのです。だから磁器でで

きた枕は「枕茶碗」と言われたのですよ。

そうですか。私はそのことを初めて聞きました。

茶碗の出現によって日本の食文化が変わったということです。それまでは漆で食べていたのです。波佐見の「くらわんか碗」によって庶民に陶磁器茶碗が普及し日本の食文化が変わっていく。先ほど述べた和食という文化です。一汁三菜は室町時代に出現しますが、確立されるのは三代将軍家光の後です。島原の乱のあと日本に戦乱がなくなったことに関連があります。どうしてか？　ヒントは武士道です。日本中で戦乱がなくなって、武士に品格を持たせようとして礼儀作法を備える。芸事もそうだし食事も作法が重要になった。したがって、食事するとき手でガツガツ食べても空腹は満たせるわけですが、庶民に対して（室町時代には大名などは礼儀作法がきっちとできていますが）食事の作法を付けさせるため茶碗で食べる習慣が大きな役割を果たすことになる。

フランスでナイフ、フォーク、スプーンという3種の神器が出現したのが1765年です。産業革命もありサービスマナーが普及していく。それまで労働者はパスタなどを手でつかんで食べていたのです。日本で食のマナーが庶民にまで広がっていくのはいつの時代か。波佐見では1616年頃にはできていたでしょう。ということは世界的にみれば、ヨーロッパより100年前には日本できちんとした食のマナーが庶民にまで普及していた。これは本当にすごい文化だと思いませんか。

箸という文化は鎌倉時代に道元禅師という曹洞宗の坊さんが最初につくったマナーのわけですが、お茶碗は漆です。その後磁器ができて食材に動物性が加わるなど食文化が変わっていき、庶民レベルでの食文化確立につながる。こういう文化・歴史を波佐見の人も有田の人もきちんと知っていなければならない。

磁器の先駆地域としての有田、波佐見ですね。でも私たちが子供のころ磁器食器は「瀬戸物」で

した。

そうでしょう。瀬戸物なのです。でも歴史をしっかり理解すれば「ちょっと違うでしょう」となる。あるいは「波佐見物」だったかもしれない。「有田物」だったかもしれない。今から言葉を変えるわけにはいかないでしょうが、磁器は自分たち波佐見のものだったという歴史文化を認識し、自分たちの地域の姿をどう発信していくかです。

私は韓国の料理人と一緒に仕事をしていますが、そのさい常々「僕らが韓国に来た時に、偉そうに日本料理をあなたたちに教えるようなつもりではなく、私たち日本はあなたたちから文化をもらったのだから、里帰りなのです」と言います。そのような姿勢があったからやってこれました。陶磁器も同じで、「磁器は日本にもともとなかった。私たちはあなたの国から進化して発展してきた民族なのです」と。日本は他国の文化を取り入れ進化して品よくものを作ってきた文化ですから、偉そうに日本料理を教えるという態度でなく、進化した私たちを見てほしいという立場です。

韓国に行ってやや意外だったのは波佐見焼が結構あったことです。新羅ホテルという一番格の高いホテルですが、そこに備えてある器が波佐見焼なのです。白磁なので品がいいのでしょう。でも今の日本料理を韓国に持っていっても、少し違うだろうなという感じがあります。ですから私は感覚を30年前に戻しています。

30年前の日本料理の方がまだ良かったと？

いえ、日本では日本料理は進化してきていいのですが、韓国の人たちに受容されるには30年前の感覚でないとダメなのです。たとえばカレイの一匹を姿煮で盛って見せるとか。でも今の日本のように奥ゆかしさや隠し味のようなことは韓国の人にはまだ十分には理解されないと思っています。この数十年間で日本の食文化はかなり進んだと言っていい。韓国では僕らが30年前に感じていた、たとえば刺身が食卓に沢山あるほうがいいとか、でも今は日本では刺身がそんなに沢山あってもしようがないという感覚でしょう。

ここ数十年における食文化の発展・洗練が食器とも関連しているのでしょうか。

昔は食卓にあがる食器の数はそれほど多くなかった。どうして変わったか？　端的に言いますと調理器具・方法の発達です。一例をあげると、「一般家庭ではダシを取っていなかった」と言われてどう思います？　誰も信じないでしょう。でも鰹と昆布なんかでダシなど取っていなかったのです。あれは戦後に化学調味料メーカーがつくったのです。私は鰹を「削ってはいましたが」と料理教室でいつも話しています。ダシを取るきちんとした方法は実は火力を調整しやすいガスコンロにならないとできないのです。薪をくべていた台所でできると思いますか？　確かに鰹節をグツグツ煮だしてダシをとる方法は知られてはいました。昭和30年代後半にＮＨＫの『きょうの料理』で料理のプロが登場して「家庭にダシがないから駄目だ。ダシをとれ」と言いました。ダシを使った典型の料理が茶碗蒸しと出し巻き卵です。

昭和45～46年には顆粒ダシが登場します。でも普及にはすぐにつながらない。3年前亡くなられた池内淳子という女優さんが昭和50年に、テレビの東芝日曜劇場『女と味噌汁』というシリーズに登場して、コマーシャルにも出て「味噌汁にはサッサッ」とやって顆粒ダシが認知されたのです。

最近真っ白い皿を使う料理が多いでしょう。とくにイタリア料理系です。あれは料理人の技術が発達したことと関連があります。一つの皿に5種類もの料理を盛ることができる、色をつけて出来上がりの見栄えも考えてね。さらに物流も進歩しましたから新鮮な食材を使えるし、絵を描くような盛り付けができるのです。だから皿には柄が付してあるより白磁の皿のほうがやりやすいし、品もよく見える。漆の蒔絵など質は確かにすばらしいのですが、昨今は受けなくなっているのは、絵のように盛り付けるという要請とうまく合わないところが出てきたのでしょう。文明が進むとナチュラルで素朴なものを欲するという傾向も無視できません。

先ほどのお話で、日本の食事マナーや食文化が庶民に広がるのがヨーロッパに劣らない、いやヨーロッパより早かったと。庶民のあいだでの一種の文化力と言えるものは江戸時代には確認できると……。

そう、江戸時代にはすごい食文化があります。一般には京都の方が豊かな食文化があったと思われているのですが、食に関しては江戸の方がすごかった。食文化の都だったと言っていいと思います。

ここに新聞の企画記事があり、カップヌードルの味が関西と関東で違うことを述べています。違いの理由として、（一）気候風土、（二）地産地消、（三）京都の公家文化と江戸の武家文化、が挙げられている。でもこれは本当でしょうか。（二）と（三）についていろいろと注釈をしたいことはあるのですが、（一）の点についてのみ言いますと、気候風土は急に変わるわけがない。気温は東北などより関西の方が高い。家庭には冷蔵庫はありません――冷蔵庫は一般的には昭和30年代後半です。冷蔵庫がなければ保存のため塩を使うのですよ。汗をかく南の地方の人が塩分を必要とするでしょう。

一方、東北地方がなぜしょっぱかったかというと、東北は常に災害と凶作の連続だったのです。私も子供のころ蔵のなかには常に3年分の米が備蓄されていました。小作人もいました。野菜も一年を通して食べるためには保存できる漬物にして食べてきた。このように庶民の間で継承されてきた食文化をしっかりと押さえたうえで、東西の比較などを考察すべきなのです。

食するものは、あまり調理せず調味料もつけず、手づかみで食べる文化も確かに存在します。それはそれでしょう。ただ、日本のように食器を準備しマナーをもって食べる文化は、品格のいい洗練された文化だと思うのです。日本は江戸時代に鎖国をしたため、先人たちはそのような文化を育んできた。その美意識を私たちは受け継いでいる。だから、最近若者が歩きながらものを食べるとか、コンビニエンスストアの前で平気でものを捨てるとか、本当に情けない。そういう若者が仮に大学生だとしたら、大学で何を教えているのでしょうか。「大学を出て猿になるのですか」と言いたい。日本で先人たちが大切に培ってきた文化をしっかりと若い人たちに教えなければならない。食文化はそのなかの重要な一つです。今回、和食が世界無形文化遺産になりましたが、一汁三菜の食文化を世界が認めたのです。これは和食に関係する人々や業界・産地にとっては追い風です。そしてこれは波佐見が器の生産のなかで伝えようとしてきたことでしょう。

（聞き手：古河）

若者に魅力の波佐見

カフェ「モンネ・ルギ・ムック」主宰　**岡田浩典**

厳しいレストランで修業

今日は「若者に魅力がある波佐見」という題で話をしてくれと頼まれてやってきました。ちょっと老けた学生みたいな感じで、「誰なんだ?」と思っている方もおられるかもしれません。波佐見でお店をやっています。カフェ「モンネ・ルギ・ムック」の岡田です。この敷地にはギャラリーとか、「HANAわくすい」という雑貨屋、焼物屋、ヨガ、コーヒー焙煎の店などがあります。「モンネ・ルギ・ムック」を始めるまでの経緯を少し話します。

東京のある大学（法学部）に通いながらカフェでアルバイトをやりました。その後フレンチのレストラン「ブラッセリー・オーバカナル」という店で働き始めました。本格的な店でした。ここでしっかり料理の基礎、料理に関するもの全部を叩き込まれた気がします。ただすごく体育会系だったので、一緒に働いていた同僚のなかには「思い出すと苦しくてトラウマになるので、その話はやめてくれ」と言う人もいます。そういう厳しい店で修行しました。今のカフェでやっていることの

基礎はほとんどこの店で勉強しました。だいたい7年間ぐらいでした。

28歳で旅に生きる

この店のお客の半分ぐらいは外国人でした。いろんな人たちの感性に触れて、日本人と全然違うと思いました。そこで、自分の目で海外も見てみたいと思い、28歳のときにレストランを辞めて旅に出ることにしました。飲食業をライフワークとしてやりたいということもなかったので、自分探しの旅のようでした。しかし海外に行く前に日本の工芸の産地を見学したいと思ったのです。

オートバイにリュックとテントを積んで日本全国を回り工芸産地を巡りました。福島県の白石和紙、島根県の湯町窯。ここは、スリップウェアという、ケーキの模様をつけるようにして釉薬を掛けて模様を施す技法で知られています。訪れたところは、海外の人が指導されてずっとやられている、僕にとっては不思議な窯元です。茨城県の結城紬や大島紬も訪ねました。大島紬は日本で一番細かい縦糸と横糸を使って模様を作っていく。一反を織るのに長いものだと一年以上かかるということですから、値段が高くなっても仕方がないと思います。焼物の産地も回り、伊万里、有田、そして波佐見に来ました。そこで幸か不幸か児玉さんと知り合いになりました。幸運にもですね（笑）。

いろんな話をしてくださったのですが、日本そのものが魅力的でしたから、波佐見町はその中の一ヶ所にすぎなかったわけです。なにしろ3ヶ月で日本全国を回ってから海外に行こうと意気揚々だったのです。しかし1年半かかっても終了せず、おまけに貯金も底が尽きてきたので、バイトをすることになります。オートバイで巡り仕事を探して、仕事が見つかったらその土地で千円でも二千円でもどんな仕事でもやり、お金が出来たら次の土地に移るという生活です。塩工場の隣の空き地にテントを張って滞在していたら、「お前、働かんね」としばらく働かせてくれました。海水から塩を作る仕事でした。

もずく採りの仕事もやりました。皆さんはもずくをご存知ですか？　もずく採りは網揚げ漁のような感じで、網に張っているもずくをカッターで切って、海辺に揚げて洗ったあと干して仕上げるのです。ずっと貧乏旅行ですが、日本中を回りました。

「すごい建物」と人に出会う

何回か九州を訪れるなかで、九州がすごく気に入って、自然も人も魅力的で、九州に住んでみたいと思うようになりました。そのとき波佐見で知り合いになった友だちから、「ちょっとすごい建物があるから、来てみないか」と誘いを受けました。その知り合い自身も山形県の出身で長崎県に移り住んでいたのです。長崎には友だちが皆無だったので、少し躊躇があったのですが、誘いが魅力的だったので来た次第です。「すごい建物」と言われた家屋の内部がこれです（写真1～3）。現在のカフェ「ムック」の改装前の内部です。瓦屋根と木造の壁――建物のパワーと言うべきか、時間が止まった感覚。どきどきと鼓動がときめく感じでした。ちょうどタイミングも良かったのでしょう、「ここでカフェをやりたい。人が集まる場所を九州につくってみたい！」と思いました。

その建物の所有者は誰なのか尋ねると、「以前に会ったじゃん。児玉さんというおじさんだよ」との回答でした。「ああ、あの面白いおじさんか」と思い出し、その時は社長などとエライ人とは露知らず、「あのおじさんだったら話しやすいから、頼んでみよう」と相談にいきました。すると「ひょっとすると夜逃げするかもしれないが、好きなようにやってみろ」と応じてもらい、カフェを立ち上げた次第です。

振り返ってみてポイントは児玉さんから「好きにやってみろ」と言ってもらったことです。いろんなアドバイスをいただいたり、喧嘩もしました。でも結局のところ納得してもらい、全くの貧乏だった若造を「とことん好きなことをやってみろ」と見守ってくれました。通常であれば、利益

写真１

写真２

写真３

になりそうなプランで敷地の活用を考えるのでしょうが、僕の望みを尊重し賭けてくれたと思います。この「好きにやってみろ」という姿勢が、波佐見に人が集まる理由の一つに繋がっているのではないか、と考えています。

児玉さんの言葉通り、家屋は改装させてもらいました。改装作業の様子です（写真４、５）。二階の壁を剥がして、そこに階段をつけました。誘ってくれた山形県出身の友達が階段を自分で作れるということは初めて知りました。あんなこと普通は出来ませんよね（笑）。児玉さんにも作業に協力していただきました。そして２００６年5月29日「モンネ・ルギ・ムック」の開店です。現在の店と内装の写真です（写真6～7）。

改装の費用ですが、親と親戚から借りました。その資金を元手に計画書を作り、多くの人に協力してもらい、国からもお金を借りました。結構な額を借金したわけですが、今ではほとんど返却できました。

同じ敷地には「ＨＡＮＡわくすい」という雑貨屋、ギャラリー、自家焙煎コーヒー店、ヨガ教室、陶器デザインのessence《エッセンス》など面白い人が集まっています。ここは何時間でも滞在して楽しめる場所になってきました。

波佐見には愛がある

この区域の他にも波佐見の魅力が沢山あります。一部ですが挙げてみると、生活食器としての波佐見焼のデザイン性、柔軟性。中尾山など昔ながらの原風景が残っている場所。波佐見に移り住んだ若者や、帰ってきた（Ｕターンした）人たちの力。人の姿が見えるということ。

日本の工芸品産地を巡ってみて思ったことを少し話します。陶器の最初はおそらく生活食器だったと思います。京都（清水焼）や石川（九谷焼）のような産地では金箔を施したりと初めから贅沢品だったでしょうが、基本的にはどこの産地でも生活食器からスタートしたと思っています。昨今では海外の陶磁器で安いものが入ってきて、需要

写真 4

写真 5

写真6

写真7

と供給のバランスが崩れたりしています。すると美術品をメインにといった生き残り方、位置づけになりつつあります。そのような産地が多くなっているのではないでしょうか。一方、波佐見焼はずっと生活食器で全国の15％を占めています。全国に多くの産地があるなかで15％も波佐見で生産しているのはすごいことです。

生活食器とは手ごろな値段で手に入れられるということです。ここには愛があると僕はずっと思ってきました。どういうことかと言うと、僕ら貧乏人でも幾らか買って帰れるのです。産地を訪れて「あ、これかっこいいな、ちょっと買って帰りたいな」と思っても、一個８０００円ということが多い。せっかく食卓に並べるのに、たとえばこんな皿が一枚しか買えないという風に。一方、波佐見焼だったら８０００円持っていけば、結構な個数・枚数が買えるのです。そんなとき、家に帰るときなどワクワクします。すごく愛がある感じをもつのです。

僕には波佐見焼は人に優しいというイメージがずっとありました。デザインやフォルムの点ですごく人気がある白山陶器は知っていますか？　また、うちのカフェと同じ敷地内に西海陶器が出されている essence という工房がありますが、あそこも時代のニーズに応えて変化するデザイン力があります。町も人も時代の変化に対して柔軟に対応する、波佐見スタイルとでもいいましょうか。

中尾山は波佐見で焼物の発祥の地ですが、窯元ばかりが並ぶ集落の山です。そこの建物は昔から全然変わっていない。訪れると「グッとくる」という感じです。里山の原風景が残っていて、都市の住民からすれば「かっこいい」と感動する地域です。

若い人のブランド

帰って来たり移り住んだ若者の力ですが、一部紹介しましょう。「ＨＡＳＡＭＩ」という、東京や博多で人気上昇中のブランドですが、「マルヒロ」の息子さんが作っています。一回福岡に出てから波佐見に戻ってきて、24歳のときにデザインされてヒットしました。彼はいま27歳（当時）ですが、毎年面白いものをどんどん発表しています。いま「sen《セン》」というブランドも注目されています。いま26歳（当時）ぐらいの女性ですが、東京でいろんなイベントに引っ張りだこです。このように名古屋、福岡、東京など一回外に出て、帰ってきてから昔からお世話になっているおじいちゃんたちと一緒に波佐見で素敵なものを作っている。こんなことをやっている波佐見はすごいなと思います。

人が見えるということ

最後に、人が見えるということ。波佐見焼の魅力は人が見えるということではないのか、と思います。農村地域の「結い」の文化、隣近所の人たちとの無償のお付き合い、助け合いがいまだに確かに存在する。心に響く環境があるのです。若者が帰ってきて地元のおじさんたちと一緒に仕事ができるのも、人の繋がりが分かりやすく見える（可視的）からではないかと思います。

今の日本は人間関係や生活・活動がすごくタイトになってきて、必要なものだけになり、「遊び」の部分が狭くなってきている気がします。地方では小さな店がどんどん廃れていって、たとえば大手のレンタルビデオ屋ばかりしかない。そこに置いてある本は全国どこでもあまり変わらないのです。そこで手に入る情報に基づいて買えるものが、大手ショッピングモールに揃っている。「何か新しいものが出来た」といっても、殆どがちょっと手を加えた程度で、本当の意味で新鮮さがない。他方、都市部は、確かに個性的なお店も多く刺激がいっぱいあります。日本中を回っていてつまらないと思ったのは、地域には若者が行ける本屋とか洋服屋が一様なことです。世の中が便利になる一方で均質化が進んでいる。

大手企業が入ってくることによって、日本は端っこの方（地域）からつまらなくなってきていると思って、自分がもし店を開くときは、人の心が動くような、人が見えるような場所にしたいと思っていました。そうしたら、あの場所に出会って、児玉さんに「好きにやってみろ」と言われた。そのお陰で好きにやらせてもらい、悩みながらも今のムックがあるのです。波佐見も同じだと思います。みんな人として付き合っている。それが人の心に響く。波佐見焼が注目されている根底には、この「人のつながりが見える」ということがあると思います。愛が感じられて個性的なお店や場所が増えていけば、日本もいい方向に変わっていく――都市部に集まっている若者たちも、色々なことを勉強して帰ってきて、元気に地域を盛り上げていってほしい。僕もそれを信じてお店をやっていこうと思っています。

（2012年12月8日、長崎県立大学での講演会内容を基に加筆）

文化薫る陶磁器産地をめざして

波佐見焼振興会会長　**児玉盛介**

使命感

波佐見はちょうど有田に隣接しております。有田焼の歴史や文化や文様などについては、各方面の先生、歴史家、作家と、いろんな方々が調査されて文献がたくさん残っております。それはやはり有田焼が歴史のいわば表舞台に立ってきたからでしょう。鍋島藩という心強い支援もあったでしょう。それに対して波佐見焼はと言えば、大村藩は財政的な基盤が弱かったこともあり、有田への支援と比べると弱かったといわざるを得ず、文献的な記録がはなはだ少ないのです。そこで県立大学の先生方にゴマをすって、「先生、何とか波佐見焼の歴史とか文化とかをまとめて、ひとつ文献になるように書いてくださいよ」と相談したら、『波佐見の挑戦』という本を書いてくれました。さらに第二弾も計画しているということで、楽しみにしております。

皆さんの前でお話ししておりますが、普通なら仕事は朝8時から夕方5時まで、月曜日から金曜日まで、と勤めをしているわけです。その仕事をするのは、生活をするため、お金を得るため、家

族を養うためですね。だいたい世間の人たちは皆そうやって働いているわけです。ではなぜ私が本来の仕事時間に皆さん方にお話しするために来たのかというと、使命感のようなものがあるからです。この世の中に生まれてきて、何か世の中の役に立とうという気持ちです。そのような「仕事」が、それを「仕事」と呼んでいいのかわかりませんが、これからの時代に非常に大事になるのです。だから、古河先生にも「あなた、ここで学生に教えるばかりではなく、世の中のために役に立とうとしているんでしょう。だったら、私たちにも応援をしてください。支援をしてください」と頼んだら、あまりお金にならないけれども、使命感を持って、こういう仕事もしてくださいました。世の中にはこういうことを一生懸命にやってくれる人も出てくるようになったんですね。

波佐見焼振興会という団体があります。私がその代表を引き継いだとき、月給というんですか、一ヶ月に7万円くれるのかと思っていたら年に7万円なのです。もうガソリン代にもならないのです。それでもやはり、「ああ、自分は波佐見に生まれて、焼き物家業の家に生まれて、何とか波佐見焼を隣の有田焼に負けないように、一歩でも前に進めるように」という風なことを自分に言い聞かせて、7万円など本当はどうでもいいのです、世の中のお役にたつ「仕事」をしなければならないと、使命感みたいなところで、一生懸命にやっている最中です。

そういうことを懸命にやっていたら、お客さんの数も増えてくるし、「波佐見焼はいいものがありますね」「頑張っていますね」という声をあちこちで聞くようになってきました。私に限らず波佐見とその協力者の方々みなさんで協力して、こういうことを進めていくことが非常に大事かなと思っております。

行商に始まり海外に

私の会社(西海陶器)のことを少し説明させてください。戦争が終わったあと私の父が中尾郷という昔からの窯元が集まっている山間の場所で陶磁器の卸売業として始めたのが出発点です。「大きなリュックサックに茶碗50個、土瓶30個といっぱいに背負い、佐賀や長崎の食堂に行商したのが第一歩だった」と言っておりました。今の本社があるところに移ってきてほぼ50年になります。東京にビルを建てて「東京西海陶器」として営業を開始したのが昭和52年で、日本全体が景気もよく、その後会社の業績も順調でした。私は大学を出てから東京支店で仕事をやってきて、ほぼ20年間ぐらいでしょうか、「ここで従来どおり商売をやっていてもだいたい先が見えてきた。変わらなければならない」という感じをもちました。アメリカとシンガポールに西海陶器の支店を出したのがバブル景気の平成１～２年頃。それから20年近くが経ちますが、それぞれ独立して経営していいます。当時、21～22歳の皆さんぐらいの専務の息子さんをアメリカに連れていって、２週間ばかり一緒にアメリカをぐるっと回ってそこに彼だけ置いてきました。彼は有田高校しか出ていなかったので、英語といえば「え」の字も分からないくらいで本当に苦労してアメリカを回っていました。いつまでもアメリカをうろうろするわけにもいかないし、彼に「自分でどうにかしろ。お前、やれ」と言い残して、私自身は７～10日ぐらいして帰ってきたわけです。その後23～24年経ちますが、アメリカの会社を自分で作るに至ったわけです。皆さんぐらいの歳でそういうことをしたのです。

シンガポール出店は「ヤオハン」さんから卸センターを開設するのでその中に入ってくれないかと誘われたのがきっかけでした。この国は制度がアメリカと違うものですから、四苦八苦しながらでしたが。いままで７～８年間になりますか、少し落ち着いて会社の基礎がだいたいできてきたような次第です。

中国は４～５年になりますが、ごちゃごちゃしながら少し形を作れるようになってきました。しばらくうちの息子を向こうへやっていたのですが、今年は、確か東京出身の、どこかの大学を出て「ぼくがやりたい」という者が一人いましたから、その若者にやらせようと考え、日本人はその青年が一人で頑張っています。日中間のいろんな事件で緊張が高まったときは随分と苦労したようですが、それでも何とか乗り越えてやっています。

器は文化と共に

したがって私の会社は海外進出という点で少し実績があるかもしれません。陶磁器の他の産地も海外展開に取り組もうとしており、そのなかで感じたことですが、器というものはやはり日本の食文化と同時並行的に出て行くのですね。だから私どもが向こうでビジネスをやるときには、日本の食文化を中心とした日本のレストランやシアター、あるいは温浴施設のようなところに、食器も一緒に進出するというかたちが一つあります。

一方では、アメリカならアメリカ人のライフスタイルがあり、アジアならアジア系の文化がありますす。アジア系には日本の器を比較的そのままの商品として持っていって通用するのです。

ところがヨーロッパのように自分たちの文化を強く持っているところに日本の器をそのまま持ち込んでも、なかなかうまくいきません。私も今まで随分挑戦したのですが、簡単には入っていけませんでした。ただもう珍しいからと、オリエントコーナーに入るという感じですね。オリエントコーナーには入れてもらえるんだが、現地の人々の生活や文化の中まで入っていくというのは、よほど本格的にヨーロッパ人の感性に響く器でないと。波佐見も挑戦するのはいいのですが、私の経験では非常に難しいです。「ああ、これは日本の文化でいいですね」とは言うのですが、「でも私は使わない。私はわたしの文化を持っている」となる。大雑把にいえばヨーロッパ人にはそのような人が多い。

しかし、いろいろな文化を受け入れる、ライフスタイルを受け入れる、といったところでは、波佐見焼とはあえて申しませんが、日本の「わびさび」文化を体現した商品も受け入れてくれるのではないか。そのような文化圏は世界にはそれなりに存在するのではないかと思います。

逆に日本はいろいろな文化を受け入れてきた国ですね。このような国は世界のなかでどちらかと言えば珍しいのではないか。アメリカもだいたいそんな感じです。中国もいろんな文化を受け入れる傾向が強いのではないか、私の商売の感覚からすると個人的にはそう思っています。

波佐見そのものをブランドに

産地としての波佐見の話題に戻ります。私どもが全国の人々に焼き物のことを知ってもらうため、「焼き物ファン拡大講座」をずっとやっています。その過程で波佐見焼を紹介するＤＶＤを作りました。先ほど皆さんに見てもらったものです。窯業技術センターにも協力してもらって作りました。なぜこういうことをやるのか？　波佐見焼というのは冒頭で言いましたように、明治時代からずっと有田焼の名前で販売してきた事情があります。だから波佐見という名前自体が知られていない。ところが近年、地域のブランドは地域で守り育てていかなければならないというような考え方に変化してきました。では波佐見焼のブランドをもっと表に出していこうよ、というようになってきて、ＤＶＤも作成するようになったわけです。このＤＶＤで焼き物業界の人たち、百貨店だとかスーパーだとか問屋さん、小売店といった関係する人たちに向けて、情報発信を積極的にやっていこうと。

一方、社会では価値観が多様化し、いろんな要求が出てきて求められるものが多様化しつつあります。その流れをわれわれがどう受けいれていくのか。また受け入れる過程で、何かに特化する必要が出てきた場合、「それは俺のところに任せろ」というように、メーカーなり窯元なりの作り手を育成していかなければなりません。いろんな価値観に対応できるような窯元にしなければならないのです。あるいは、もう一歩進んで、もっと新しい時代の感覚をつかんだような人たち、とくに若い人たちですね、そのような部分をもっと地域のなかに引き込む必要があると感じています。

地場産業は全国どこも苦労しています。波佐見でだいたい１８０億円ぐらいあった工業生産額が、4分の1、もう50億円を切るぐらいに落ち込んでいます。もちろん波佐見だけじゃありません。福岡の大川家具もほぼ5分の1になったと言っておりました。テレビを見ていても「あそこも大変だな」と思うわけです。では具体的にどうするのか、これといった妙案がすぐに見つかるわけでもないでしょう。でも何か手はないのか？

波佐見は窯業の町だと理解されていますが、一つの考え方として、窯業を焼き物を作るだけと狭く考えるのではなく、その営みがなされる場として波佐見という地域それ自体をブランドにしていくということが必要ではないか。この後、岡田くんが話しますが、彼はカフェをやっていて特に土日は若い人たちが随分と集まる。波佐見という地域のなかに新しい文化みたいなものを吹き込んでくれています。別にカフェでなくてもいいのです。パン屋さんでも、蕎麦屋さんでも、美容室でもいい。時代を掴まえたというのでしょうか、そういう時代に合った人々が地域のなかに入ってきて、そのなかで自分で生活をするとともに、何かを打ち出していく。

時代の風と地場産業の技術

波佐見でいま焼き物をやっている人たちはだいたい窯元の息子ですが、彼らは波佐見で育って、波佐見の高校へいって、なかには有田の窯業大学などに行って、そして自分の家業を継ぐわけです。まあ地域内で大きくなって、地域のなかで死を迎える。東京などの大都市の文化に深く触れる機会が少ないのです。そこに時代の風みたいなものをどうにかして入れ込みたい。

波佐見は窯業と同時に農業の町でもあります。耕作放棄地といって、波佐見にも山のほうに人がいなくなって、畑や田んぼを放り出しているところが沢山あります。そこに百姓会といって、若い人たちが切り開いて農業をやっているところがあります。ほぼ20歳ぐらいで、自分は農業をやりたいという人たちですね。それを支援する仕組みを九州農政局が作ってくれまして、波佐見は町としてそこを支援しています。就職難の昨今、自分のやりたいことを自分で見つけ出していきつつある若い人たちを、インターンシップのように受け入れる仕組みを作りたい。この九州農政局の話は５年前に波佐見でグリーンツーリズムの大会を開催したのが一つのきっかけだそうです。

技術という点で面白いことがありました。この前わたしの会社にスウェーデンから２名、セルビアから１名、スウェーデン在住の日本人が１名の５人が来て、一週間ばかり交流をしました。彼らが何を感じたかというと、陶磁器製作における削ったり、孔を開けたりする技術ですが、職人さんのちょっとした何でもない技術が、ヨーロッパあたりではもう殆ど失われてしまっている。私などが子供のころから見慣れている当たり前の技術が、世界ではもう失われつつあるのですね。だから、これを彼らに見せてあげると非常に喜ぶ。大量生産でやるところは、中国などもそうでしょうが、地場産業の技術はないわけです。したがって、こういう地場産業の技術というものをきちんと伝承して、人の手の温もりが感じられるようなモノ、商品を作っていく。そのような産業はこれからの時代には必ずや世の中に認められ、浸透していく力があるだろうと思います。キャノンという立派な工場が波佐見にはあります。それを見学しますと、セルという20人のグループで、45秒で１台作らなければならないと決まっているわけです。そして１日で５００ロット生産というように目標が決まっている。このような生産効率を最大限追求する世界と、他方で自分の心がこもり手が入った商品を作ろうという世界、この両方を次の21世紀に向けて一緒になってやっていかなければいけないと思います。

アーティストの刺激

仕事柄アートに関係した人々ともお付き合いを

することがあります。少し変わった人が多いですね。でも本人は変わっているともなんとも思っていない。そのなかで特に長崎に縁のあるアーティストのことをお話ししてみたいと思います。松井守男という画家がいます。「光の画家」と言われ、現代フランス絵画を代表する日本人画家で、フランスから勲章（レジオン・ド・ヌール）を受けるほど評価されている人です。彼の絵画は1億円以上の値段がつくようですから、鑑識眼のある金持ちにも評価されている。

彼が２００８年に初めて五島の久賀島を訪問してその光の在りように魅せられたといって、以来そこにアトリエを構えて、フランスと久賀島を交互に拠点にして創作活動をやっておられる。彼が長崎県に来たときに縁あって波佐見にも来てもらって我が家に泊まってもらったことがあります。私の母は87歳なのですが、松井さんに「この歳だから後はお迎えが来て、あの世へ行くだけです」みたいなことを言う。すると松井さんが「おねえさん、何を言っているんですか。私は70歳だがまだまだやりたいこともあり、90歳になっても20代の恋人を作りたいと思っている。あのピカソも92歳の時に20代の恋人をつくった。あの世じゃなくて、今度一緒にパリに行きましょう」って言うわけです。それを聞いて母がすごく感激して、知り合いにも触れ回って、長生きする目標ができたのでしょうか、随分と生活に張りが出てきたようです。

皆さんにとっては自分のお祖父さんお祖母さんのような話で実感が湧かないかもしれないが、人生というものは何か目標をもって一生懸命やっている人、とくに芸術家といわれる人たちは、周りに容易には認めてもらえなくても突き動かされる何かと取っ組みながら表現活動をやっていて、輝いている。その輝きがあれば80歳でも90歳でも青春なのです。アーティストは私たち凡人には理解しがたい表現や行動をするのですが、最近の若い人たちの心を捉える何かがある。

そのように、ちょっと芸術的な人だとか、ちょっと学術的な人だとか、ちょっとデザイン力を持った人だとか、そういう人たちを地域のなかに引き込むことが大事だと思っています。これが、新しい文化を自分たちで作っていくことにつながるのではないか。波佐見の西の原というところに製陶所跡地を購入し、そこを若い人たちが集える場所にしたいと思い、カフェやギャラリーやアトリエにしています。「アーティスト・イン・レジデンス」と言って、いろんなジャンルの芸術家たちが一定期間住み込んで制作活動をし、互いに刺激を与え合い、また地域の人々とも交流する――そんな場所にしたいと願っているのです。

長瀬渉という陶芸家が波佐見にいます。彼は陶芸家といってもアーティストに近いものですから、神経を集中して仕事をやらなければいけない。多くの人がいてザワザワしているところではやれないと言うのです。じゃあどうするか。夕方の5時ぐらいから夜中の3時、4時まで働くのです。仕事といえば普通は朝の8時から夕方の5時までと皆思っている。10時ごろ電話をしたことがあるのですが、「早く起こされた」と文句を言われるのです。町役場の人を含め関係者がこのような事情を理解しない限り、アーティストと協同できないことになる。だから、多様な価値、文化を認める社会を、私ども自身が地域から作っていかなければならない。そうすることによって初めて、皆さんのような学生さん、若い人たちの能力が発揮できる場というかステージが出来てくるのではないかと思う次第です。こういうことを岡田君や長瀬君たちから教えてもらった気がします。

経済の景気だけを考えると明るい展望が見えてこないかもしれません。大学でも、社会に出てもいろんな壁にぶつかるでしょう。でもひとつ頑張って大学を良くしてください。私が講演に行く大学ではあまり熱心に聴いてくれないところも多いのですが、今日は皆熱心に聴いてくれていますね。こういう学校はいい学校です（笑）。地域の活性化にあなたがた若い人たちが協力してくれると、またこれまでと違う文化がいっぱい出来てきて、違うステージに進めるかなと思っています。よろしくお願いします。

（２０１２年、長崎県立大学での講演会の内容に大幅加筆）

第3章

つたえる

座談会

地域連携と波佐見

長崎県立大学経済学部教授　古河幹夫
同　西島博樹
同　谷澤　毅
同　岩重聡美
同　綱　辰幸
佐賀大学経済学部教授　山口夕妃子

古河：私たちの波佐見との連携活動は4年ほどになるわけですが、それを振り返って波佐見という地域、波佐見焼、大学の役割といったものを少し考えてみたいと思います。『波佐見の挑戦』にそれぞれ執筆されたわけですが、その要点のようなところからお願いします。

波佐見焼はなぜ知名度が低いのか

西島：波佐見ブランドが日本でなぜメジャー（主要）でないのかということを問題意識としてもったのですが、歴史的に調べてみてわかったことは、製品を作った産地それ自身がブランドになるのではなくて、港とか鉄道の駅とかがブランド名になった経緯が面白い点でした。例えば有田焼というのは、波佐見で作られたものであっても有田駅から出荷されて有田焼になる。それ以前には伊万里焼ですかね。これも波佐見焼製品が伊万里の港から出荷されて出て行ったというので、波佐見焼でなく伊万里焼となった。だからブランドという点では波佐見焼は不幸な歴史をもっていたというのが非常に興味深いことでした。それと、流通論の専門家として波佐見焼がどのように流通しているかを『波佐見の挑戦』では調べました。谷澤先生はヨーロッパのことを調べられましたが、アジアや中国において明が滅び清が形成され中国が内乱状態になってきたときに、波佐見焼が中国・東南アジアに輸出されていったという事実はとても面白かったですね。

古河：今言われた点は陶磁器や窯業の専門家にとってては既知の事実ではあるのですが、私たちにとっては学習し新たに知ったことであり、また波佐見のとくに若い人たちのなかで今言われたような歴史を知らない人も案外と多いのでは、という気がします。

西島：「くらわん館」として建物の名称になっている「くらわんか碗」ですが、あれは清が政治的に安定してきて輸出市場として容量が小さくなった。そこで大量生産した安価な食器を上方に持っていって「めしくらわんか」というように売るなかで、「くらわんか碗」の名称がつけられていったという経緯《いきさつ》も、素人として調べて学習したわけですが、私には面白かったですね。戦後日本の高度経済成長の頃、焼物の売れ行きも良く、町全体が潤った時期もあったのですが、中国から安い品物が入ってきて、また国内の需要が減ったこともあり、全盛期と比べると出荷額は１／３ぐらいに減っているのかな。それ以降はブランド化を計って産地を活性化しようと提案しているのが現状かなと認識しています。

谷澤：私は世界やヨーロッパの歴史を視野に入れながら陶磁器を考えてみました。西島先生は送り出すところの地名が製品名として流通したことを述べられたわけですが、ヨーロッパを見ていくと、伊万里という名前が一般的になるわけでして、個別に見ていくと波佐見という地名を我が国の文献で確認できた事例は非常に少なかったです。ですから、おそらく伊万里焼として総称される陶磁器のなかに、ある程度波佐見焼が含まれていただろうということを前提として、アジアやヨーロッパのコレクションの中での肥前系の焼物（伊万里）から考えてみました。その際心がけたのが、波佐見焼を含む肥前系焼物の個別的な歴史を、今流行りのグローバルネットワークとかグローバルヒストリーの観点から考えることができないか、と。他の先生方のように陶磁器産地を視察して比較研究するのでなく、文献研究とこれまでの私の既存の知識の範囲内でできることをやったということです。

古河：『波佐見の挑戦』に歴史的な考察を加えることができたのは良かった。というのも、地域のアイデンティティを考える際、歴史的に掘り下げていくことは不可欠だし、地域資源を活用しブランド形成をめざすさい、あるいは将来のビジョンをどう持つかという場合、地域の物語を作り上げていくことにつながるからです。

谷澤：西島先生が、波佐見焼の名称が十分に知れ渡っていないことを述べられましたが、私もそのことは痛感しました。我々の知らないところで波佐見焼はもっと大きな役割を果たしていたのかもしれないし、名前のない陶磁器のなかに波佐見焼がかなり含まれていたのではないかと推測できるのです。有田焼や伊万里焼は作品として流通していたのだけど、波佐見焼は〈モノ〉〈商品〉として流通するので、産地としては見えにくいところがあるのは、他の陶磁器産地と比較して不利な面があった気がしますね。だが実態としては波佐見焼の商品はすごく大きな役割を果たしてきたんじゃないか……。「くらわんか碗」にしても、実際にどれだけの量の器が販売され使用されたのかわからないのです。船から川に投げ捨てられた器の破片が淀川の底に大量に堆積しているのでしょうが、大掛かりな発掘調査をやらなければ実態は見えてこないでしょう。

西島：波佐見焼は東南アジアからも沢山出土していて、実は大量にあったんじゃないかと言われていますね。

学生とともに考える地域ブランド化

岩重：私は皆さんのように地道な調査をやって執筆したわけでなく、産官学の連携事業の一つの試みを、この機会をつかってやらせていただいたと思っています。通常の授業でやっていることを、なんとかして実践で応用できないものかと教育の現場で思っていましたので。とくに長崎にある地域資源を使ってそういうことがやれると、学生たちにもすごく親近感がでてきますし、モチベーションも高くなるのではと。ちょうどその頃に山口先生から誘っていただいたのが、この波佐見の取り組みだったのです。理論としてそれまで学ばせたことを、どうやって実践に移すかというケーススタディの第一歩でしたから、まず何から学生たちに学ばせて何を導き出させたらいいのか……、私自身がその辺りを整理するのに時間がかかったのを覚えています。そこをある程度整理することによって、次の連携事業にも応用できたので、取掛かりとしては意義が大きかったな、と。現状を見て、そこから問題を探して課題を絞り込んでいって、それからこれをもう一度、ブランド化して市場に出す場合には何をしたらいいのか、具体的なところまで考えていく、いい試みだったと今も振り返って思います。

一方、学生のことを思うと、ゼミを部屋の中や机の上でやっているよりもずっと生き生きとしていたのは、どの案件でも同じなんですが、波佐見に数回連れていって現場で学習したときです。若い学生にとって陶磁器というちょっと距離感のあるモノについての設問でしたから、認識というか関心がちょっと薄いんですよね。そこで、現地に行って職人さん等と話をしたり、生産の現場を見せたりすることで、モチベーションがうんと上がってきましたし、「自分たちの暮らしている長崎にこういう地域資源があったのか！」というのも大きな収穫だったように思います。教育という観点からは、自分たちがまとめたことを社会に向けて情報として発信する、その方法や内容についてもゼミ生たちはすごく大きな収穫を得たのだと思います。

他方で波佐見の方々はどうだったのかと言えば、たぶん私たちのように外部からの、アドバイスになったのかどうか分かりませんが、私たちの意見を聞くような機会が、今まではあまりなかったんじゃないかなと感じましたね。成果はどうだったのか私にはちょっと分かりかねるところもあるのですが、確か「陶器まつり」で提案したことの幾つかは実行されているみたいですね。

古河：波佐見との連携事業のスタートの段階では岩重先生は入っておられなかったのですが、「陶器まつり」でアンケート調査を行い、それを踏まえて学生がコンペ方式で発表会をおこなった時には、先生のゼミが1位、2位と高い評価を受けました。

岩重：あれは学生にとっても私自身にとっても大きな切っ掛けでした。本当に一つの典型的なケーススタディでした。波佐見がどうのこうのというより、そのように地域と連携して物事を深く探っていくという点で意義があったと思います。

古河：本学のように地方の公立大学で教育を考えるさい、地域に出かけていって地域に学ぶという課題発見型教育はプログラムをこれから構築していかなければならないわけですが、岩重先生が熱心に取り組まれた実践は一つのモデルケースになるのではと思います。

山口：波佐見に関わらせていただいたのは、古河先生が国際文化経済研究所（現：東アジア研究所）の所長をされているときに誘われたときです。窯業技術センターと長崎県立大学で一緒に何かできないかということで、まずは現地を訪問し意見交換しようということで、波佐見に行った覚えがあります。それが私にとって波佐見との関わりのスタートでした。その後、委託研究として窯業技術センターの研究員の方と「新製品開発のためのユーザー意識調査」等の仕事をさせていただいて、そのなかで見えてきたことを『波佐見の挑戦』に書かせていただきました。

ブランド形成において求められるのは大きくみると3つ：保証機能、差別化機能、想起機能があります。波佐見焼は名前があまり表に出てくることはないけれど、日本中どこの家庭にも探してみれば必ず存在する器です。波佐見焼が一番苦労しているのは、知名度が無いし、買ってもらうときに指名買い（「波佐見焼が欲しい」）が無いことです。つまり、想起機能が働いていない。窯業技術センターとしては、そのような現状に対して、どちらかといえば想起機能よりも差別化の追求になっていて、たとえば、やや手の不自由な方でも使えるユニバーサルなデザインの開発だとか、従来プラスチックで作っていたところを陶磁器で何か新しいものを作れないか、とか。素材の開発だとか機能の工夫・開発の方向に向かっていて、それはまさしく波佐見焼の歴史とぴったりと一致するわけです。ですが、バブルが崩壊して売れ行きが落ち込んでいくと中国から安価な製品が入ってきて、波佐見としては陶磁器が売れないという問題が出てきた。

先生方と一緒にヒアリングして、また焼物の素材、技法、産地といった基本的なことを勉強しながら『波佐見の挑戦』に書かせてもらいました。私は地域ブランドというかマーケティングの観点から考察したわけですが、たんに焼物という製品だけをブランド化していくのには限界があって、本当にブランド化するためには地域の人々が窯業を産業として盛り上げていこうとする努力と熱意が必要だと思います。波佐見にはたとえばＮＰＯ法人が活発に活動していて、地域を盛り上げていくためにグリーンツーリズムだとか体験型の様々な取り組みもあり、また様々な人が波佐見に来られて意見交換される等、波佐見を盛り上げる活動を直に見せてもらうことができました。通常ですと私たちが研究をおこなう場合、文献を読むことを中心にヒアリングを行い、関連づけを行う（相関関係の分析）といった形なのですが、この連携事業のなかで、学生も参加して新しい提案をおこなったり、地元の方に話を聞かせてもらう機会や発表する機会もあって、まさしく岩重先生が言われた地域ブランドというものを具体化する理論と実践を統一できた、すごく大きなプロジェクトだったという気がします。

古河：チームのなかで年齢的には一番若い先生だったわけですが、山口先生がブランド論を研究の視点にと提案され、我々も素人なりにブランド論を勉強し、結果的にはいい切り口になったように思います。

岩重：「地域ブランド」が活発に議論され、地域活性化のなかで取り上げられるようになったのは、ちょうどこの頃からですか？

山口：学会においてテーマとしてはそれより前からありました。

岩重：確かに専門分野のテーマとしては以前から議論されていたかもしれないけれど、学生たちがそれをキーワードにして取り組むという点では、山口先生が以前にやられた新上五島町との連携でもそうでしたが、地域ブランド形成をめざすことで地域の経済力をつけていこうという発想ですね。

綱：窯業産業の育成について自治体にアンケートを行ったわけですが、そのなかの一つのポイントとして窯業のブランド化を尋ねました。日本は焼物大国と言いますか、国が指定する伝統的工芸品のうち陶磁器産地を含む府県は21あり、その９割以上が地域活性化にあたって陶磁器関連産業が重要だと回答しています。多いに関心を引かれたのが岐阜県瑞浪《みずなみ》市の取り組みでして、調べてみたところ、フランクフルトの展示会に出展しようと市長の強力なリーダーシップで、陶磁器工業協同組合を中心に「フランクフルト出展ＰＲ委員会」を立ち上げ、ドイツ、そしてフランスの展示会に出展しようと一丸となって取り組んだようです。海外で評価を得て、ブーメラン効果で日本国内でのブランド確立を図るというやり方です。全般的には、ブランド化への努力においては自治体だけでなく民間を含めて努力していることが、成功につながっていることがわかりました。

古河：瑞浪市の事例はわれわれがヒアリングをした時にも印象深いものでしたが、地域として統一したブランドをめざすことに関して、たとえばチームを作ってそこで統一的な器を制作して打ち出す等に対して、白山陶器の松尾社長はやや消極的なニュアンスだった気がしましたが……。

山口：白山陶器は「白山ブランド」としてすでに確立している側面があるので、波佐見ブランドとしてより、白山ブランドとしてやっていきたい、という意向があるのではないかと思いました。波佐見をブランド化するというよりは、波佐見を産地としてとらえ、産地の機能を有効に活用していくためには組合は必要だ、ということはおっしゃっていましたね。

古河：そうですね、今後ブランド化戦略をどう考えるかという点で、一つのポイントにはなるかもしれません。

民藝運動と波佐見

古河：この連携事業の話があったとき、研究所の所長として責任者でありながら、陶磁器に関しては素人も同然なわけで、どのように取り組んでいったらいいか悩みました。ちょうど柳宗悦の民藝論を再勉強しまして、民藝運動は日本の文化や伝統工芸を考えるさい今なお豊かな水脈でありますが、民藝において陶磁器が占める比重は高いと思います。主導者のなかでも濱田庄司、河井寛次郎、富本憲吉、そしてバーナード・リーチと陶芸家が多いのです。陶磁器産地のなかで民藝運動が示した路線に比較的忠実に発展を図ろうとしている産地と、必ずしもそうでない産地があって（これについては濱田琢司氏が分析しています）、なぜだろうと。波佐見は民藝運動からは高い評価を受けているのだが、産地としては必ずしもその路線に乗っかっていない――これが私にとって一つ不思議なことでした。富本憲吉は波佐見を評価しており、波佐見にとって理論的な指導者の役割をある程度果たしたのかどうか……、そして富本は比較的早い段階で柳宗悦のグループと袂を分かつのですが。

このような事情を大きく振り返るとイギリスで始まったアーツ&クラフト運動と日本の民藝運動には相似性が認められると私は考えています。富本もそのような展望をもっていたのではないか。彼が波佐見のことを文章でもっと論じてくれていたら、例えば有田には人間国宝が存在していて格が上だといった観点でなく、アーツ&クラフト的な観点から見ると波佐見はもっと高い評価を受けていてもよかった。民藝運動を考えるとき、すぐれた鑑識眼の持ち主だった柳宗悦の審美論と、手仕事の伝統と職人的な働き方を現代において発展させる理論・運動のリーダーとしての柳宗悦をそれぞれ評価する必要があるのではないかと思っているのですが（やや生齧《かじ》りな理解かもしれません)。谷澤先生も何かご意見が……。

谷澤:歴史的な観点から言えば、アーツ&クラフト運動は重要な概念ですね。もともとの発想はイギリスの産業革命が進展していく過程で、それまでの手仕事の世界が失われつつあるという危機感というか、そのような動向に対して警鐘を鳴らすという、手仕事がもつ独自の美しさみたいなものを再現しようという動きですよね。そういう動きとあわせて日本の民藝運動を見ていくことができるのであれば、波佐見での焼物の製造工程というのはどういうものだったのか、という点にも関心が湧き起こるのですが、いかんせん私自身そこまで調べたことがありませんので。そこから先は何とも言えないのですが、発想としては面白いと思います。それと柳宗悦の視線ですね、これは波佐見を見ていくさい、いわゆる伊万里焼のように〈作品〉でなく〈モノ〉〈商品〉として流通していたということを申し上げましたが、柳宗悦の眼が入ってきたことによって、たんなる〈モノ〉に光が当てられる、そして光が当てられて再発見されるのはいいのですが、今度はそれが〈作品〉へと昇華されてしまうというか、素朴な〈モノ〉が〈作品〉として奉られてしまうという可能性が生じた。そこらへんの兼ね合いは難しいなという気がします。

古河:濱田琢司さんに来てもらってお話しいただいた時にも、あの民藝運動は一つの「成功したブランド戦略」だったようなところがあった、という感想をもったのですが、いかがでしたか?

山口:お話を聞いているときに、マーケティングのストーリー性(物語性)ということを述べられていて、ブランド戦略の視点から逆に民藝運動を見ていくという印象がありましたね。

地域内分業体制

古河:波佐見は地域内分業という点が一つの特徴だと言われてきました。それが大量生産を可能にした側面があったのでしょうが、地域内分業のポジティブな面とマイナス面(と言ってよいかどうかわかりませんが)、そのあたりはいかがでしょうか？

綱：今回、波佐見の窯元をいろいろと回らせてもらいましたが、やはり波佐見は分業体制が整っていると思います。これは従来から言われていることですが、人間的な関係・つきあいが密である。ある鋳込み屋でのヒアリングですが、「社長が挨拶に来ないところのものは作りたくない」というような。そのなかで鋳込み屋と石膏屋が社長同士直接に会って仕事の調整をするだとか、また窯元さんからかなり無理な注文が来ることもあるようですが、なんとか調整していくという風に。そういうことができるのが波佐見ではないかと思います。

山口：反面、分業体制が大きな躓《つまず》きの要因になったのではという気もします。というのは、波佐見焼、有田焼、伊万里焼などは密接につながっているのが実態なのでしょうが、県が違うため連携がうまくいかなくて、そのなかで波佐見はどちらかといえば工程全体の「下地」の段階に強く関わっていて、絵付けの部分は有田や伊万里が担っているため、どうしても波佐見には「作家もの」が生まれにくい構造になっていたのではないでしょうか。産地で特徴のある器といえば、やはり色づかいや絵柄が一般には注目されますね。ところが波佐見はそこが弱くて……。分業体制をとっていますから分業をさらに進めると当然工業化しやすい。工業化してしまったがゆえに、大量生産が可能というメリットが生まれたものの、一方で「誰が作った製品なのか」、「波佐見の個性は何か」といったことを作り上げることが難しくなってしまった。そして90年代以降グローバル化のなかで中国から安価な陶磁器が流入してきたときに、経済競争力を失ってしまったのではないのか。波佐見は分業体制をとることによって、実態としては安くて良質な器を広く庶民に提供し、食卓を豊かにするものを作ってきたのですが、そして皆そのことを歓迎していたのだけれど、「もっと安く！」と価格の安さで競争するとなると、もう負けざるを得ない。ですから、もう一度昔にもどって職人性をしっかり確立することが求められていると思います。

岩重：私が波佐見や三川内に何回かおじゃまして驚いたのは、「なんと欲の無い窯元であることか」でした。例えばネーミングにしても「別に波佐見という名前が出なくてもいい」と。名前が出るとちょっと引いてしまうようなところがある。自分の持ち場・責任を果たせば、工程にそって次に渡していくわけだから、最終製品についてはどうのこうのと言わない。最終製品が有田焼であろうが伊万里焼であろうが、その土台を作り質を保持しているのであれば、職人なので、それが最終的にどのような製品になって、どういう所に販売されるのかについて興味がないのかなって思いました。閉鎖的なところで作っていて、欲の無い窯元が多いなという印象でしたね。私のイメージしていた職人はもっと違うかなと思ったのですが、彼らは工程の個々の箇所だけを使命として与えられていたのでしょうか。

綱：ＮＨＫの番組『美の壺』でも指摘されているように、波佐見焼には元来普段使いの食器という特徴があります。だから結局、そこから脱却できないというか……。過去に景気が良くて儲かった時に大量生産に突き進んだところと、職人的なものづくりにこだわったところに分かれて、それで、大量生産に走ったところは安価なものが入ってきて経営が苦しくなった。一方、「作家もの」のレベルにまでは届かなくてもそれに近いところで頑張っているところもある、という話は聞きました。

谷澤：手作業でやっている窯元が今も健在なのですか？

綱：職人が意識的に手作業にこだわっているところは何軒もありましたね。

谷澤：岩重先生が言われた「欲の無い職人」という状況は今でも続いているのですか？　波佐見は新しい試みが積極的になされている産地という印象もあるのですが。

波佐見の新しい風

岩重：世代交代もあったと思います。今、積極的に新しい試みをされておられる方々は外部の血（人材など）をどんどん入れようとされていて、そこが三川内との大きな違いではないでしょうか。最初に波佐見を訪問したときには、先ほど述べたように外に向かって新しいものをめざすという勢いをあまり感じることができなかった。振り返ってみても、〈いいとこ取り〉は有田や伊万里にされてきたわけではないでしょうか。それでも黙っているという……。歴史的に見れば波佐見が有田や伊万里を支えてきたと思うのです。それを主張せずにきたと、当時はそんな風に感じましたね。でも今は違います。活性化している要因として外部の血が大きな役割を果たしていますね。

古河：波佐見焼、有田焼などを考えるさい、江戸時代それぞれバックにあった藩の財政力の違いも大きいのかもしれない。波佐見は藩のバックアップが弱かったから、その分自分たちの力でやらなければならないというＤＮＡ（遺伝子）があるような気がします。

岩重：でもなぜ『美の壺』で特集されたのでしょうか？　こういうことを言うと叱られるかもしれませんが、ちょっと不思議な気がします。しかし取り上げられるだけのものがあるんでしょうね。あの番組はものすごく綺麗に出来ていたでしょう。全国的に考えればたぶん波佐見焼という名前は、まだまだ誰も知らないとも言える状態じゃないでしょうか。長崎県内の人でも知らない人は多いと思いますよ。でも、『美の壺』で取り上げられるには何か魅力的なものがあるんでしょうね、私たちもまだ十分認識していない何かが。

綱：白山陶器の「Ｇ型しょうゆさし」は全国的な認知を勝ち得てきたし、「グッドデザイン賞」や「ロングライフ賞」に認定された商品を多数生み出しており、白山陶器が波佐見に立地していることを知らない人でも白山陶器の製品は知っている状況ですね。

山口：波佐見とはあくまで産地であって、ブランド機能として最も重要なのは想起機能なのですが、「波佐見焼って何？」と問われたとき、たとえば呉須の器だと答えるとしても呉須の器は他の産地にも存在しますから……。

岩重：誰にでも識別できる明確な器の特徴がいまひとつ見えない。
山口：でも逆に言うと、これといった特徴を挙げることができないのが波佐見焼だ、とも言われたりします。若手を育成する場合も、そういう意味では、新しい感性をもってきて、これが波佐見焼だとも言える。伝統に縛られた産地であれば、その伝承された技法等に則ったうえで新しい革新的な要素が求められるのに対して、波佐見は自分の感性をものすごく評価してもらい易い場所ではないでしょうか。
岩重：オープンな雰囲気はありますね。でもそれは波佐見焼がかなり落ち込んできて、何か新しい動きを作り出さなければならないという時に、言われたような動きが生じたのかもしれない。
山口：リーダーの一人である児玉社長なんか若手育成にかなり力を入れておられて、随分と開放的な方ですよね。
岩重：経営者としてめずらしいタイプですよ。でもあの方にとって何が契機だったのでしょうか？
古河：地元の詳しい事情はわかりませんが、他の産地でも言われているように、商社系の人々と生産者（窯元）との間では、一方で協力・協調の関係と他方で張り合い・綱引きの関係があり、波佐見でも個別にはいろんな声は聞きます。ただ、児玉さん等を中心に文化や芸術の要素を波佐見に取り込んで、それによって波佐見の新たな地域活性化につなげようという意識は非常に強いですね。
岩重：そのような意識がとても強くて、外部の新しい風をどんどん取り入れていこうというのは、陶磁器の産地としては非常にめずらしいのではないですか。
山口：私たちが出会った深澤さんなども個性的で特徴的な方ですね。
古河：深澤さんについてはね、この前東北地方で大きな震災が発生したあと、「これは現地に行かなければならない！」と、独自の人的ネットワークを持っておられますから、街づくりに関わるリーダーたちのネットワークですが、現地に集まろうと呼びかけて、東北地方でワークショップを開いたりされている。また彼が中心になって波佐見で「朝飯会」という集まりを月一回これまで百回以上も開催している。あの会合には福岡や島原あたりからも朝早くから（午前６時開始）来るんですよ。面白いのは、朝早く各地から来る人たちにとって、どうも焼物は二の次なんじゃないか、むしろ波佐見のまちづくりの話を聞きたい、というのが主な動機じゃないかと、何回か参加して思いました。ただ、冬など寒いのに早朝から集結するわけで、人々の熱気はそれはすごかったですよ。

岩重：でも波佐見の窯元の人たちはあまり朝飯会などの会合に参加していないような印象ですが、どうして？

古河：詳しいことはわかりませんが、窯元の方々と私たちがこれまで接する機会が相対的に少なかったという面もあるでしょう。ただ、窯元のヒアリングや、本学で今田氏に講演してもらう機会があり、今田氏を介して窯元さん等に対しても、大学関係者である我々が僅かでもつなぐ役割を果たせればいいと思いますね。

岩重：田中ゆかり先生が言われていましたが、東京テーブルウェア・フェスティバルに出展するときに、今田先生と一緒に「ここはいい」「ここはもう少し直した方がいい」等と窯元さん一軒一軒を助言・指導されたようです。その声に積極的に応じてくれて、今では消費者の声に積極的に応えて行こうという動きを確実に感じると。

地域連携での手応え

古河：本学は文部科学省の事業である「地（知）の拠点整備事業」、通称ＣＯＣ事業に応募し見事に採択されました。地域を志向した大学をめざすことは本学の大きな特徴でもあります。波佐見以外にも様々な地域連携の教育実践に取り組んでこられたわけですが、そこでの教訓などいかがでしょうか。

西島：そうですね、平戸島のなかに根獅子《ねしこ》という500世帯ほどの小さな村がありますが、限界集落に近い現状なので、なんとかしなければいけないということで、農林水産省の支援事業の一環として、学生と一緒に関わっています。毎年、田植えと稲刈りに行っているのですが、意外に若い人が喜んで、また地元の人も〈心の活性化〉になると喜んでもらって、非常にいいですね。それをふまえた流れで、平戸の商店街活性化にも協力して欲しいとの要望を受けて、今も月に2回ほど商店街に出かけています。平戸はとくに歴史的資源には恵まれた地域でして、歴史をうまくアピールして地域活性化につなげていけばいいと思うのですが、今ひとつ発信力が弱いのが気にかかります。

古河：川棚町との連携の取り組みはいかがですか？　町の関係者からは随分と高い評価をいただいたのではないですか。町長を始めとした関係者向けの報告会が好評だったので、報告会のリクエストがその後も数回あったのでは？

岩重：川棚町の場合学生もかなり気合が入って、発表会のときに涙ぐむ女子学生もいて、それを見ている私まで胸がいっぱいになりました。ああこの学生たちにとって、この取り組みは大きな財産になったんだな、と。連携事業に取り組んだ結果として大学からの提案が実際に受け入れられていくと、やはりとても励みになるし、取り組みそのものにも拍車がかかりますね。やったことが形として残っていきますし。

山口：私たちが取り組んできたことが、少しずつではあれ残ってきていますね。三川内焼の場合も学生側から提案し、そのなかの一つ「福袋」の案は採用されました。その年の「はまぜん祭り」で福袋が採用されまして、今回も別件で地元を訪れたときも「今も福袋のアイデアは採用させてもらっています」と。すごくうれしかったですね。

岩重：連携事業ってやりだすと本当に大変なのですけれど、手応えもあり、学生にとっても現実感のもてる学びになっているようです。そして能力や技が磨かれていきますね。地元の方々との交流が基礎としてとても意味があると思います。成功した案件はどれも、地元との交流のなかで互いを理解しあい思いやる気持ちが醸成されて、うまくいった気がします。学生たちもそれを心に留めて卒業していってくれるので、教師としてすごくうれしいです。

山口：上五島との連携事業では、美味しい刺身を十分に食べさせてもらいました。学生たちが魚のブランド化を考えるさいになかなかイメージが湧かないというので、目の前で魚を捌いてもらって、こんなに美味しいんだって（笑）。あれ本当はすごく高価な魚で、イサキだったかな、ちょうど今頃の季節だったと思いますが……。

西島：上五島とはその後もお付き合いが続いていて、今年も秋にゼミ合宿でおじゃまする予定です。打ち合わせで町役場に電話したときも、とても親切に応対してもらって。やはり以前に取り組んだことが今も残っているのが嬉しいですね。

山口：卒業した学生からも「上五島産のうどんを送って下さい」と連絡が入ったりします。五島うどんはなかなか手に入らないので。連携事業が終了したあとでも交流が続いていたり、訪れてみたいということがでてきて、とてもいいことではないでしょうか。

（2013年8月収録）

巨大窯の時代
——17世紀末～19世紀前半代の波佐見窯業——

波佐見町教育委員会学芸員　**中野雄二**

1　はじめに

波佐見における窯業は、16世紀末～17世紀初頭、安土・桃山時代末から江戸時代初期に陶器生産で幕を開けます。17世紀前半代には磁器生産を開始し、17世紀中頃～後半代には海外輸出品を盛んに生産します。その後、17世紀末から幕末の19世紀半ばにかけて、波佐見では国内庶民向けの安価な磁器製品（いわゆる「くらわんか手」）を、全長１００mを超える巨大な登り窯を用いて大量に生産しました。

江戸時代における波佐見窯業の流れの中で、巨大窯を用い磁器の大量生産を行っていた17世紀末から19世紀前半代にかけての「巨大窯の時代」は、波佐見窯業史にとって特筆すべき重要な時代でした。本稿では、この「巨大窯の時代」を、17世紀末から18世紀中頃、18世紀後半代、19世紀前半代の３時期に

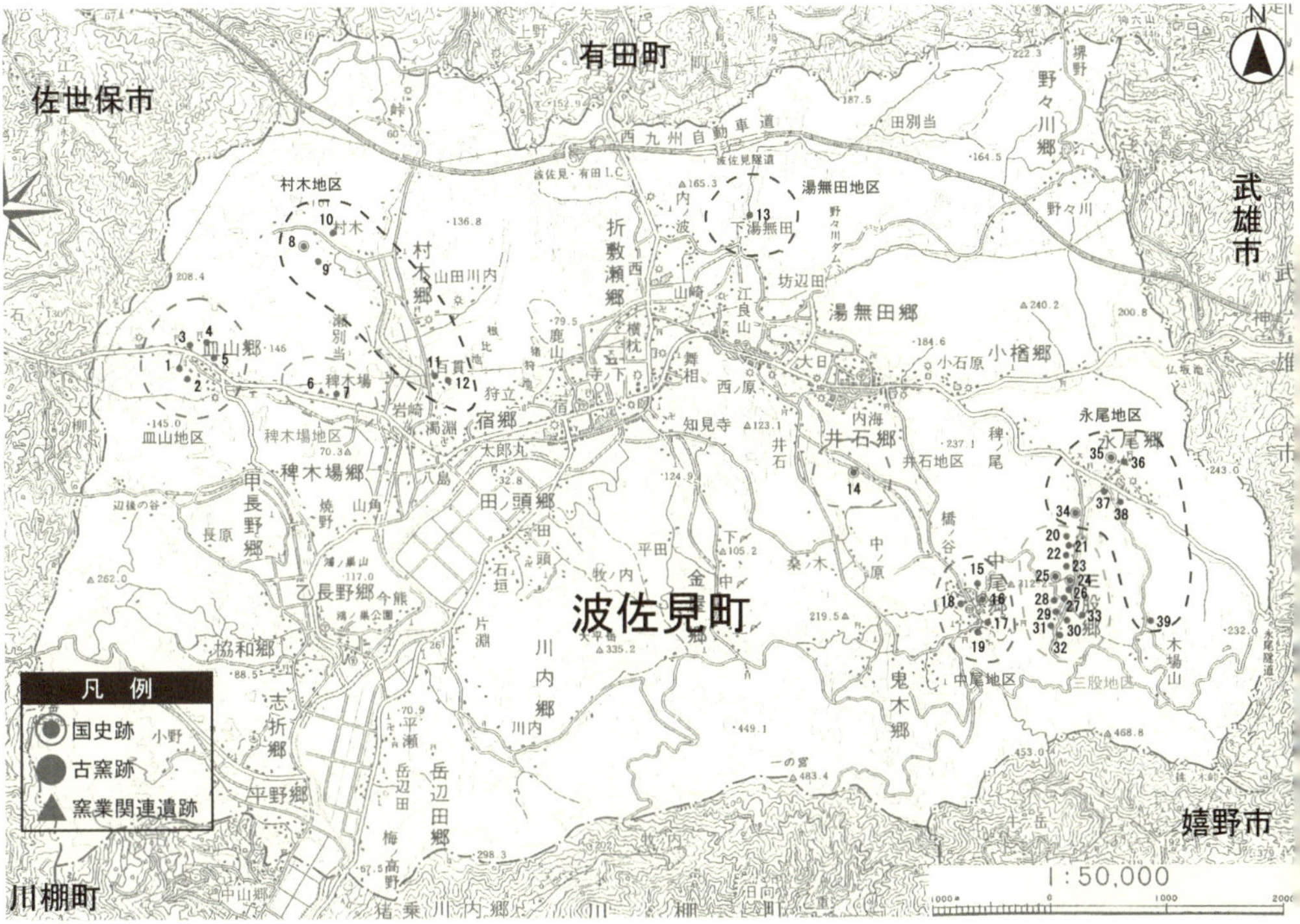

1. 向平《こうびら》窯跡
2. 皿山本登《さらやまほんのぼり》窯跡
3. 高尾《たかお》窯跡
4. 深川内《ふかごち》窯跡
5. 辺後ノ谷《へごのたに》窯跡
6. 富永治助父子《とみながじすけふし》の墓
7. 下稗木場《しもひえこば》窯跡
8. 畑ノ原《はたのはら》窯跡
9. 古皿屋《ふるさらや》窯跡
10. 山似田《やまにた》窯跡
11. 百貫西《ひゃっかんにし》窯跡
12. 百貫東《ひゃっかんひがし》窯跡
13. 鳥越《とりごえ》窯跡
14. 長田山《ながたやま》窯跡
15. 中尾下登《なかおしものぼり》窯跡
16. 中尾上登《なかおうわのぼり》窯跡
17. 白岳《しらたけ》窯跡
18. 大新登《おおしんのぼり》窯跡
19. 広川原《ひろごうら》窯跡
20. 咽口《のどぐち》窯跡
21. 咽口新《のどぐちしん》窯跡
22. 仕立《したて》窯跡
23. 三股下《みつのまたした》窯跡
24. 三股青磁《みつのまたせいじ》窯跡
25. 三股砥石川陶石採石場《みつのまたといしがわとうせきさいせきば》
26. 三股古《みつのまたふる》窯跡
27. 三股本登《みつのまたほんのぼり》窯跡
28. 三股上登《みつのまたうわのぼり》窯跡
29. 貢《みつぎ》窯跡
30. 鳥居《とりい》窯跡
31. 実《みのる》窯跡
32. 三股上《みつのまたかみ》窯跡
33. 三股新登《みつのまたしんのぼり》窯跡
34. 皿山役所跡《さらやまやくしょあと》
35. 永尾本登《ながおほんのぼり》窯跡
36. 永尾高麗《ながおこうらい》窯跡
37. 智恵治《ちえじ》窯跡
38. 中原《なかはら》窯跡
39. 木場山《こばやま》窯跡

図１　波佐見町内古窯跡分布図

区分しそれぞれの特徴をまとめながら、その特質や重要性を明らかにしていきます。（図1　波佐見町内古窯跡分布図）

2　17世紀末〜18世紀中頃

先述のとおり、17世紀中頃〜後半代の波佐見窯業は海外輸出品を主体に生産していました。これは、17世紀中頃、中国明から清王朝の交代に伴う混乱で中国陶磁の海外輸出が減退し、中国陶磁の代わりに波佐見・有田など肥前地区の製品が海外へ運ばれたことによります。しかし、17世紀末、中国国内が安定化すると中国陶磁の海外輸出は再開され、その結果、波佐見窯業は海外向けから国内市場向けの製品生産に転換していきます。

ちょうど17世紀末頃の波佐見窯業を記録した文書資料（『大村記　波佐見村』・『大村見聞集』）があります。それをひもとくと、１６８０年代から１６９０年代にかけて、窯数の急激な増減や生産量の変化がみて取れます（表1）。この現象には、海外輸出品から国内向け製品へ生産体制の転換が大きく反映しているものとみられます。また、皿山《さらやま》郷高尾《たかお》窯における物原《ものはら》（失敗品の捨て場）の発掘調査では、物原の下層で海外輸出品が中心の層、物原の上層にいくにつれ国内向け製品が多くなっていく状況が観察されており、実際に海外輸出品から国内向け製品へと製品様相を変化させていったことが分かります。その変化した年代については、出土した製品の特徴から、１６８０年代〜１６９０年代と推測されます。

以上の文書資料と発掘調査の結果から、17世紀末、１６８０年代から１６９０年代にかけて、波佐見窯業は急速に国内向け製品の生産に転換していったことが推測されます。

表1　文献に見る17世紀末～19世紀前年代の波佐見窯業

地区	窯名	操業年代	最大全長	古文書に見る窯室数(単位 : 室) 大村記・波佐見村 皿山之事	大村記・波佐見村 諸納運上の事	大村見聞集	近国焼物大概帳	郷村記
皿山	高尾窯	1670–1750	約100m	13	約28			
	皿山本登窯	18c–1930	約110m	6			約30(1基)	20
中尾	中尾下登窯	1660–1940	約120m	39	約63		約80(3基)	26
	中尾上登窯	1640–1920	約160m					33
	大新窯	1680–19c	約170m					39
永尾	永尾本登窯	1660–1950	約155m	13			約20(1基)	29
	木場山窯	1660–18c		5				
三股	三股本登窯	1650–1940	約120m	28			75(2基)	24
	三股新登窯	17c–1920	約100m					21
	三股上登窯	18c–19c	約120m				?	23
窯室計				104	約91	約103	205	215
1窯平均窯室数				11.6	約10.1	約11.4	約29.3	約26.9
古文書編纂年				元禄元年頃 1688頃	元禄4年頃 1691頃	元禄10年頃 1697	寛政8年 1796頃	安政3年頃 1856頃

註：18・19世紀に操業していた窯は他にも存在するが、ここでは古文書編纂年当時に稼働していた窯のみを取り上げた。
：最大全長は地形測量の結果に基づく。空欄は不明。
：？は文書には残されていないが、物原採集資料等からみてこの時期に存在していた可能性を持つもの。
：「皿山之事」と「諸納運上の事」の編纂年代は、中野1998による。

国内では1670年代までに国内航路が開発され全国流通ネットワークが整い、1680年代以降、とくに三都（大坂・京都・江戸）を中心にした経済活動が活性化します。その結果、都市町民層の購買力が高まり、磁器の需要者層も急速に拡大していったことが推測されます。このような17世紀末における国内情勢は、波佐見窯業の国内向け製品生産を後押ししていったと考えられます。

17世紀末に始まる国内向け製品の生産が、その後、どのように展開していくか、まずは18世紀中頃までの状況をまとめます。

17世紀末から18世紀中頃に波佐見で操業していた窯には、皿山郷高尾窯、村木《むらぎ》郷百貫《ひゃっかん》西《にし》窯・百貫東窯、井石《いせき》郷長田山《ながたやま》窯、中尾郷中《なか》尾上登《おうわのぼり》窯・中尾下登《しものぼり》窯・大新登《おおしんのぼり》窯、三股《みつのまた》郷三股本登《ほんのぼり》窯、永尾郷木場山《こばやま》窯・永尾本登窯などがあります。この中で、高尾窯・百貫西窯・長田山窯は、発掘調査によって良好な

写真１　染付コンニャク印判菊花文丸形碗

写真２　陶胎染付東屋山水文碗

写真３　青磁染付菊水文皿

資料を得ることができましたので、以下、この３窯の調査結果を中心にみていきます。

まず、窯の全長については、それぞれの廃窯期である18世紀中頃、高尾窯は約１００ｍ、百貫西窯は約36ｍ、長田山窯は約50ｍの規模であったことが判明しています。高尾窯の事例から、遅くとも18世紀中頃までに全長１００ｍの「巨大窯」が波佐見に誕生していたことがうかがえます。また、百貫西窯・長田山窯の事例からは、当年代には１００ｍに満たない小・中規模の窯も同時に存在していたことが分かりました。

続いて、当年代の製品については、高尾窯では国内庶民向けの染付碗（写真１）・皿を中心に生産するものの、百貫西窯では染付碗・皿に加え「陶胎染付《とうたいそめつけ》」（写真2）と呼ばれる特殊な器も生産し、長田山窯では非常に優れた青磁（写真3）を生産の中心としていました。

　このように、3窯の製品内容は、それぞれかなり異なりをみせることが判明しています。当年代に生産された染付製品の特徴についてまとめると、概ね素地は白くて薄く、絵付けも丁寧なものが多いと言えます。同時に、「コンニャク印判」と呼ばれるスタンプによる絵付けや碗の重ね焼きといった、量産への強い指向も認められます。また、染付碗の形状については、丸く立ち上がる「丸形碗」にほぼ限られていました。

　窯道具については、高尾窯と長田山窯において、廃窯期である18世紀中頃に「四ツ羽根（タコハマ）」と呼ばれる新たな窯道具が登場します。四ツ羽根は「天秤積み」と呼ばれる窯詰め法（写真4）で使用された窯道具です。具体的には、窯の床面に棒状の道具（「ヌケ」）を立て、その上に平面十字型の四ツ羽根を乗せ、四ツ羽根の四つの突出部にやきものを置き、更にこの四ツ羽根の上に道具（「シノ」）と四ツ羽根を組み立てて窯詰めする方法で、これによって従前よりも飛躍的に多くのやきものを焼成することが可能となりました。

写真4　「天秤積み」

17世紀末から18世紀中頃の波佐見窯業は、窯の巨大化は看取されますが波佐見全体ではなく一部の窯の現象であること、製品は量産の傾向を有するものの窯毎で様相が大きく異なること、染付碗については形状が限られ「少品種」であること、また、当年代末期に量産性が高い窯道具である「四ツ羽根」が出現したこと、などが特徴としてあげられます。当年代は、巨大窯の「成立期」であり、一部の窯で少品種製品の大量生産が行われた段階とまとめられるでしょう。

3　18世紀後半代

当年代に操業していた窯は、皿山郷皿山本登窯、中尾郷中尾上登窯・中尾下登窯・大新登窯、三股郷三股本登窯・三股上登窯・三股新登窯、永尾郷永尾本登窯であり、「稗木場山《ひえこば》」（現皿山郷）、「中尾山」（現中尾郷）、「三股山」（現三股郷）、「永尾山」（現永尾郷）のいわゆる「波佐見四皿山」に窯場は集約されます。前代でみた百貫西窯（村木郷）や長田山窯（井石郷）のような波佐見四皿山以外の場所で操業する窯は無くなりました。このような窯場の限定は、大村藩が波佐見窯業の集中管理を容易にするために意図的に行った可能性が考えられます。

窯の全長については、当年代中に廃窯した窯が無いため、具体的な数値を示すことはできませんが、文書資料から推測が可能です。

寛政８年（１７９６）に記された文書である『近国焼物山大概書上帳』には、当時、波佐見には７基の登り窯があり、２０５室の窯室が存在していたことが記され、このことから１基あたりの部屋数は29・３室程度であったと算出されます（表１）。当時の窯室１室の長さがおおよそ４～５ｍ程であることを加味すると、1基の全長は100mを超え、当時、全長100mを超える巨大窯が波佐見では一般的であったことが推測できます。

製品については、各窯における物原調査によって明らかにされています。基本的にどの窯も国内庶民向けの染付碗・皿を中心とし、器にはほぼ同じ模様が描かれています。前代にみたような窯毎の「個性」は無くなり、製品内容は均質化しました。染付製品は、前代と比べ素地は灰色を帯びるものが一般的となり、このことから素地の精製工程である「水ひ」作業の省力化が看取されます。器の厚みも増しますが、これは、焼成の際の焼きゆがみを極力防ぎ、失敗品を少しでも減らすためと考えられます。また、絵付けは非常に雑になり、モチーフの簡略化も著しく進みました。染付碗の形状については、前代では「丸形碗」のみでしたが、当年代は「朝顔形碗」(写真5)・「筒形碗」(写真6)・「小丸碗」(写真7)・「広東形碗」(写真8)など様々な形状のものが登場する「多品種」の時代となります。

写真5　白磁朝顔形碗

写真6　染付紅葉文筒形碗

写真7　染付星梅鉢文小丸碗

写真8　染付二重斜格子文広東形碗

窯道具に関しては、18世紀中頃に出現する四ツ羽根による天秤積みが、波佐見全体で一様にみられるようになります。また、四ツ羽根自体も定型化することから、窯道具専門工人が出現し、分業体制がより進んだ可能性を想定できます。

以上のように、当年代の波佐見窯業においては、窯場の集約化、全長100mを超える巨大窯の普遍化、製品の均質化・簡略化・多品種化、窯道具の定型化が進みます。当年代は、前代よりも大量生産が一層深化した巨大窯の「発展期」であり、また、波佐見の全ての窯で、多品種製品の大量生産が行われた段階とまとめられます。

18世紀後半代に入ると、地方商人の台頭により新たな流通網が確立し、また、貨幣経済が全国的に浸透した結果、全国の地方庶民層は経済力・購買力を高めます。このような背景のもと、波佐見では巨大窯を築き、量産化を進めるための様々な技術を採用することで、庶民が購入できる安価な磁器の生産を実現したものとみられます。

4　19世紀前半代

この年代に操業していた窯は前代と同じであり、新たな窯は築かれていません。その理由は定かではありませんが、新たに1基の窯を築く余地が波佐見四皿山内に無かったこと、燃料となる薪の供給が限界に近かったことなどが考えられます。

窯の室数については、安政3年（1856）頃に編纂された大村藩の資料である『郷村記』に詳述されています（表1）。このデータと近年実施された発掘調査の結果から、当時、全長約170mで世界最大規模の大新登窯（写真９）を筆頭に、全長１６０ｍの中尾上登窯（写真10）、全長１５５ｍの永尾本登窯（写真11）など、全長１００ｍを超える巨大窯が計８基、同時に稼働していたことが判明しています。また、先述した前代の寛政８年（１７９６）と安政３年（１８５６）のデータを比較すると、この期間、約60年の間に、波佐見の窯は窯室を継ぎ足し、さらに全長を長大化させていることが理解できます。実際、この段階の諸窯は、いずれも地形的限界まで窯を伸ばしていたことが、発掘調査などから判明しています。

製品・窯道具については、前代と比較し、マイナー・チェンジは認められるものの大きな変化は無く、基本的に前代の様相を踏襲していました。また、この年代の生産量については、『郷村記』に記録されており（表２）、波佐見全体で年間約５万俵のやきものが生み出されていたことが分かります。１俵あ

写真９　大新登窯（破線が窯範囲）

写真10　現在整備中の中尾上登窯

写真11　永尾本登窯（破線が窯範囲）

表2　『郷村記』にみる安政年間頃の波佐見窯業

地区	中尾			三股			永尾	稗木場	計
登り窯	中尾上登窯	中尾下登窯	大新登窯	三股上登窯	三股本登窯	三股新登窯	永尾本登窯	皿山本登窯	8登
窯室数	33室	26室	39室	23室	24室	21室	29室	20室	215室
全長（推定）	160m	120m	170m	115m	120m	105m	155m	100m	
戸数	150戸			108戸			44戸	66戸	368戸
窯焼数	26人			26人			10人	12人	74人
年間生産量	21,966俵			13,230俵			6,620俵	6,630俵	48,446俵
年間薪使用本数	2,056,000本			1,378,000本			627,000本	840,000本	4,901,000本
唐臼数	150丁			110丁			40丁	20丁	320丁

たり何個詰められたかは不明で、実際の生産個数については分かっていませんが、膨大な数のやきものが生産されたことは間違いないと言えます。

以上のように、19世紀前半代は、地形的限界まで窯を長大化させた巨大窯の「成熟期」であり、磁器の大量生産を究極まで推し進めた段階と言えるでしょう。

18世紀後半から19世紀前半にかけて、肥前以外の地で磁器生産が始まります。とくに19世紀初頭には、瀬戸・美濃諸窯という大規模な窯場において磁器生産が開始された結果、波佐見製品の市場圏の一部はそれらの窯場に奪われたものとみられます。しかしそれにもかかわらず、先述のとおり、波佐見の窯の長大化は進みました。その理由は、19世紀前半代、前代とは異なるさらに広範な商品流通網が進展し、地方農民層などこれまでよりも幅広い階層が磁器需要者層となった結果、新たな需要者層の増加に対応するため、また、さらに磁器を安価にする必要があるために、波佐見では窯の長大化が究極まで進められたのではないかと考えています。

5　流通と消費

これまで主に「生産」の観点から波佐見窯業をみてきましたが、最後に「流通」と「消費」について若干触れておきます。

流通の起点となる積み出し港は、伊万里津《つ》（現伊万里市）と三越浦《みつごえうら》（現川棚町）

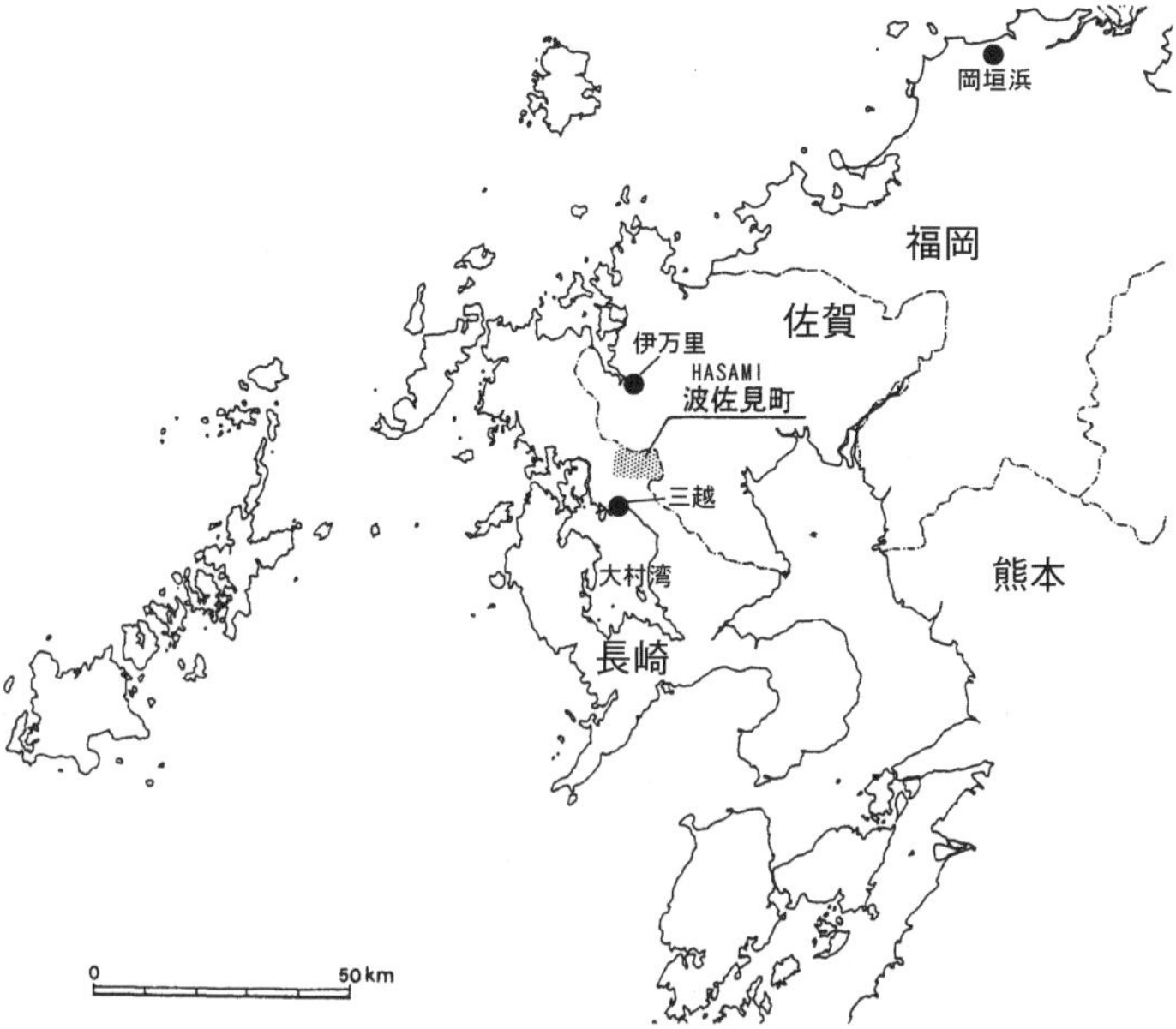

図2　伊万里津・三越浦位置図

の二つが知られており（図2）、波佐見から各積み出し港までは駄馬によって運ばれ、そこから船載され、筑前商人などによって、全国に運ばれていったと考えられています。天保6年（1835）に伊万里津から積み出されたやきものの記録が残されており、この年3万7百俵の波佐見製品が積み出されたことが分かります。一方、三越浦からの船載については、資料が残されておらずその具体的な様相はつかめていません。

ただ、伊万里津からの積み出し俵数からみて、伊万里津からの積み出しがメインであり、三越浦は副次的な積み出し港であった可能性が高いと考えられます。

波佐見製品は、全国の消費地遺跡から出土事例が報告されており、これらの報告をみると、とくに18世紀後半以降の波佐見製品が多く出土していることが分かります。また、波佐見製品の出土事例は地域的な偏りは認められず全国あまねく広がりをみせ、同時に、武士・町人・農民など当時のあらゆる階層の中で使用されていたことが判明しています。18世紀後半以降、波佐見製品が全国津々浦々に広く運ばれ、階層を問わず多くの人々に使用されていたという消費の状況は、先述した18世紀以降の波佐見における大量生産の状況と軌を一にしていると言えます。

6 おわりに

17世紀末に始まる波佐見窯業の「巨大窯の時代」は、17世紀末～18世紀中頃の「成立期」から、18世紀後半代の「発展期」、そして19世紀前半代の「成熟期」へと展開していきました。しかし、19世紀半ば、江戸時代の終わりとともに、「巨大窯の時代」も突如終焉を迎えます。その要因は明らかになっていませんが、幕藩体制の崩壊によって、絵の具の買い付けや燃料となる薪の管理など大村藩による様々な助成や優遇措置が失われたこと、また、江戸時代に構築されていた波佐見製品の流通機構が機能不全に陥ったことなどが想定されます。

「巨大窯の時代」には、大量に磁器を生み出すための直接的な各種生産技術はじめ、窯道具の開発技術、また、巨大窯を築くための土木技術、窯焚きの技術などといった間接的な技術を含め、磁器の大量生産に係わる様々な技術が開発・運用されました。それらの技術が結実して生み出された波佐見の安価な磁器製品は、江戸時代のあらゆる地域・階層の中に普及・浸透していき、最終的には磁器を普段使いの生活食器とする日本の器文化を築き上げました。「巨大窯の時代」、波佐見の地で培われた多くの技術は、日本の器文化に多大な影響を与えたのです。このことは、波佐見窯業の誇るべき大きな功績と言えるでしょう。

〈主要参考文献〉

江浦久志　１９９１　「天草上田家文書「近国焼物山大概書上帳について」『あまくさ雑記』創刊号　同人マジミ
中野雄二　１９９６　『Ⅰ高尾窯跡　Ⅱ岳辺田郷圃場整備に伴う確認調査』　波佐見町教育委員会
中野雄二　１９９７　『長田山窯跡』　波佐見町教育委員会
中野雄二　１９９８　「17世紀末から18世紀初頭の波佐見窯業」『研究紀要』第７号　有田町歴史民俗資料館・有田焼参考館
中野雄二　２０００　『三股本登窯跡』　波佐見町教育委員会
中野雄二　２００４ａ　「18世紀中葉～19世紀中葉の波佐見窯業について」『金沢大学考古学紀要』第27号　金沢大学文学部考古学講座
中野雄二　２００４ｂ　『三股新登窯跡』　波佐見町教育委員会
中野雄二　２００６　『大新登窯跡』　波佐見町教育委員会
中野雄二　２００８　『中尾上登窯跡』　波佐見町教育委員会
中野雄二　２０１０　「波佐見くらわんか茶碗のひろがり」『金大考古』66号　金沢大学人文学類歴史文化学コース考古学研究室
藤田貞一郎・宮本又助・長谷川彰　１９７８　『日本商業史』　有斐閣
藤野保編　１９８２　『大村郷村記』第三巻　国書刊行会
藤野保・清水紘一編　１９９４　『大村見聞集』　高科書店
古達廣栄編　１９８６　『大村記・波佐見村』　波佐見町教育委員会
前山博　１９９０　『伊万里焼流通史の研究』　自費出版
宮崎貴夫・村川逸朗　１９９３　『波佐見町内古窯跡群調査報告書』　波佐見町教育委員会
吉原健一郎　２００３　『江戸の銭と庶民の暮らし』　同成社

長崎からブランド発信

長崎県物産振興協会専務理事
元長崎県窯業技術センター所長
山本《やまもと》 信

1 産地の魅力を発信

波佐見の魅力、広い意味での波佐見ブランドは、産地を形づくっている焼き物づくりの長い歴史のなかで培われてきた焼き物の生産の歴史とそれを繋いできた人たちが、時代ごとの国内市場環境に対して産地構造の姿を変えながら受け継ぎ紡いできたものです。現在の生業《なりわい》の在り様とそれに合わせて受け継がれてきた文化や祭り、地域づくりに向け新たに起こした行事、イベントなどを含めた地域コミュニケーションの総体が産地の魅力を創っていると言えます。

産地の魅力は、遠くの消費地に対しての発信力としてばかりでなく、人を呼び込む力となるものでもあります。これからも産地に練り込まれた魅力ある素晴らしい地域資源を磨きながら輝きを持たせて全国へ発信をしていくことが大切です。

波佐見焼の認知度、知識、理解度、興味、売り上げなどの向上やたくさんの人たちに波佐見焼を知ってもらうことに合わせ地域としての魅力も情報発信していくことが、産地への観光客等の来訪、交流人口の増加にもつながっていくものです。

2　長崎県窯業技術センターの役割

長崎県窯業技術センターは、長崎県の窯業の指導・強化を目的とした公設試験研究機関として、県内における一大産地である波佐見町に、昭和5年4月、長崎県窯業指導所として設立され、現在に至っています。

波佐見町は、地域の産業として近世から現在に至るまで、400年の歴史とその時代の変遷の中で連綿と技術と伝統文化を何世代も何世代も繋いできた波佐見焼の産地であり、窯業は現在もこれからも本県における地域振興の拠りどころとなる産業であり、本県が掲げている県民所得向上を図っていくうえでも、また窯業関係で生活を営む多くの方々が、豊かで将来に希望をもって生活していくことを実現していくうえでも大切な産業です。

長崎県窯業技術センターは、この地域を支える焼き物産業に対し、生産から品質管理、新商品開発、人材育成、販路開拓など、産地の今が抱える課題解決と将来に向けた展望が拓けるような支援を実施していくことをミッションとして日々の業務にあたっています。また、産地全体を仮想株式会社と見なせば、各事業者は、組織構成単位としてそれぞれが特徴を持った事業部門であり、仮想企業内試験研究部門として、窯業技術センターは、産地全体の生産品質管理、試験研究開発、事業化支援部門としての役割を担う立場にあると見ることができる存在です。

3　焼き物産・地波佐見の素描

波佐見焼400年の歴史は、豊臣秀吉の朝鮮出兵の終了に伴い、動員されていた国内各地の大名たちが連れ帰った朝鮮陶工たちにより、今まで高度で出来なかった磁器製造の技術が各地に導入されたことに始まります。波佐見における磁器食器の黎明期である江戸初期は、輸出用青磁の生産を特徴として始まり、18世紀に入り白くて綺麗な磁器食器が安く国内に供給できるようになると、くらわんか茶碗として、庶民の食生活の中に自然と溶け込んでいきました。これを可能としたのは大村藩の財政を支えるために特産品として波佐見焼を振興したことです。分業による大量生産を進め、食器を安く市場に供給できるようになり、今までの陶器質の食器と比べ、安価で見た目も良く、軽くて綺麗で、食卓を彩り、楽しくしてくれるものとして、庶民生活が豊かになっていくのに合わせ、磁器食器は全国津々浦々に広まっていきました。

江戸時代から明治、大正、昭和という時代の変遷を経て、先の太平洋戦争による惨憺たる国土の荒廃で、国内全ての生産機能が壊滅状態からの再出発を強いられ戦後経済の復興、高度経済成長、オイルショック、ニクソンショックなど、歴史的な経済環境の変化を経験しました。

本県における焼き物産業は、地域における伝統産業であり大きな雇用と地域振興の核として、今後とも地域経済を支え、そこで生活する人たちの暮らしを支えていくことが求められる産業です。

産地全体を俯瞰するかたちで眺めてみると、産業集積としての焼き物産業は、製造業の集積が薄い本県における貴重な製造業であり、地域の雇用の場と地域経済を支える存在です。産地規模と生産構造から見て、川上事業者である陶土製造業、生地製造業、石膏型製造業などから川下事業者である窯元までの分業生産体制と労働集約的生産により大量生産を可能とし、産地商人・商社を通して近世時代から今日に至るまで全国に磁器食器を安く供給してきた産地であり、日本人の食生活の中に磁器食器を身近なものとして普及してきた食文化の発信地でもあります。

これに対して、隣の佐世保市の三川内焼は平戸藩御用窯として手厚く保護され現在に至るまでその伝統技術を活かした美術工芸品のような質の高い商品を高級料亭、旅館などに提供してきたという特色があり、波佐見焼とは商品の特色が全く違います。

産地の生産構造から眺めてみると、いずれの産地も後継者の問題が共通するところです。これは厳しい経営環境にあり、生産の継続以前に生活が成り立つかというところが決定的に大きいのです。

外から眺めて持っていた印象と生活の拠点を産地の中において受ける印象の違いとして実感するものは、産地としての風景が予想、期待したほどではない、いかにも産地だなと思わせる活気や賑わいがない、町並みと工場、人と文化などが融合、連動したような抽象的な表現かもしれないが匂いがあまり感じられないといったものです。

これも現在の景気低迷の中で、産業として衰退しており、最盛期の昭和56年から右肩下がりの景気後退の流れの中で起きた、平成2年のバブル経済の崩壊とその後のデフレ経済下における景気低迷、そのような中で追い討ちをかけるように起きた平成20年9月15日のリーマンショックによる世界経済への打撃、それに加えて中国・東南アジア諸国の経済発展に伴い、とりわけ中国産食器の輸入増加は、国内産食器におけるシェアの縮小とデフレ化の中での価格競争という厳しい経営環境をもたらしており、容赦のない産地の縮小という状況に追い込まれています。

【産地が備える基本的な機能】

産地商社は、消費者が好む売れ筋商品を揃えて、消費地商社へ販売して売上の確保、拡大を目指すのが基本的な商品物流となっています。産地商社に対して商品を供給販売する窯元（メーカー）は、技術力、納品の品質の信頼性、納期対応力等を判断して、特定の生地屋、石膏型屋と商品企画の段階から組んで商品開発・生産を行っていくことになります。

分業生産体制は、市場環境や生産環境の変化の中で、これに対応する形で個々のサプライチェーン（陶土製造業、石膏型製造業、生地製造業、窯元、産地商社）のあり方を変化させています。

窯元にとって、少量多品種の生産体制、売れ筋商品の開発と品揃え、生産コスト管理、品質管理、販売、マーケティング等のトータル経営マネジメントがこれからの経営の行方を決定付けていくと考えられます。

産地商社も販売力を支える商品揃えと営業力、マーケティング力が強く求められる状況にあります。また、産地商社の役割、機能は、消費地における数多くの商社、専門小売店、量販店、生活雑貨店、百貨店、専門店等の購入注文に対して、万遍なく適宜に納品していくことにあります。

交渉ごととして、商品種別・選定、数量、値段、納期があるとともに、値決め、数量確保の裏にある在庫発生・管理等のリスク負担も担っています。

【生産——土と生地について】

波佐見焼は基本的に原料が天然陶石を使うため、均質な原料品質の確保は、非常に大切なところですが、天然物であるため品質にバラツキがあるのが前提の商品づくりとなります。陶土製造業者からの陶土の購入は、購入先業者によって品質に違いがあり、同じ等級の陶土であっても品質が違うという状況です。

生地づくりにおいて、陶土の品質が焼成品としての出来を決定づける大きな要素ですので、陶土の品質確保のため取引先は特定され、また成形技術もいろいろあり（ローラーマシン、機械ロクロ、排泥鋳込み、圧力鋳込み等）、得意分野での仕事を請け負う体制になっています。

4　製造における課題

焼き物は、正にサイエンスとテクノロジーの世界です。

商品を完成させるまでの陶土、石膏型製造、生地成形、素焼、下絵付、施釉、本焼成、上絵付、全ての過程で不良品が発生します。

例えば、焼成の温度、焼成時間、釉薬との相性、季節、天候による周辺の温度や湿度との不調などにより不良品が発生したり、期待した色が発色しなかったりします。

不良品の発生を低く抑えることは、コスト低減、生産性向上になりますが、産地訪問して経営状況を聴いていく中で、生地製造業、窯元において、それぞれの歩留まりが80数パーセントという数字が印象に残っています。これは他の製造業における歩留りと比べてもかなり低い数字であり、各事業者において歩留まりを上げていくことは、今後の経営改善を図っていくうえでも重要な課題です。

【3Dプリンターとモデリングマシン技術の普及について】

商品開発、商談を進めるうえでの新たなビジネスモデル構築を可能とする3D技術の導入は、産地事業者、特に商社、窯元、石膏型製造事業者において、少量多品種生産、短納期が求められる市場環境にあって、販売先要求に臨機応変に対応できる製造プロセスの改革だけでなく、高付加価値商品開発、製造コスト削減と、従来のビジネススタイルを劇的に変えるものです。この3D技術を広く産地の事業者に普及を図り、他産地との差別化、市場獲得のためのアドバンテージを持つことにより競争力を高めていきたいと考えており、当センターにおいて研修事業を行っています。また、ビジネススタイルを変えることで新たなビジネスモデルを構築することによる売り上げ拡大につながることが期待されます。商品開発のスピードアップ、外部のデザイナーとのコラボレーションによるブランド商品の立ち上げ、提案型のビジネスへの転換など、生産者側として、高付加価値、所得還元の大きな仕事が出来るようになります。これは事業者の考え方と実践により可能となるものであることは言うまでもありません。現在の経済環境、市場変化のスピード、デジタル技術、ICT（情報通信技術）の拡散、ビジネススタイル・ビジネスモデルの変化は、必然的に産地の今後のあり様を変えていくものです。

また、食器分野の市場が縮小し、将来の伸びも期待できない状況にある中では、事業規模を維持、拡大していくことを考えるならば、付加価値をもった機能性食器や新事業分野として食器以外の機能性磁器商品分野への事業展開などを進めていく必要があると考えます。

既に、当センターで開発した抗菌、防カビのためのナノシート製造技術による機能付加製品の開発、人間の感性によるデザインの効率化など、生活まわりの快適化、健康増進のための商品が実用化されています。

5　商品物流の俯瞰と今後の展望

歴史的に大量生産の商品を消費地で販売していくための典型的な販売チャンネルは、産地窯元から産地商社、産地商社から消費地商社へ流れ、そこから専門小売店、量販店、生活雑貨店、百貨店、専門店などへ流通販売されていくパターンですが、これだと産地の窯元からの出荷価格は消費地の小売価格の4分の1程度であり、生産サプライチェーンである川上事業者の生地製造業者などは、取引単価において低い対価での取引を強いられる状況にあります。この結果として産地窯業関係事業者には、収入、やりがい、仕事の将来性などから後継者としての新規就労者がほとんど入ってこないような状況であり、特に生地製造業における後継者問題は深刻です。このような現状に対して、焼き物の生産体制を支える構造的な改革を、将来に向けて産地を構成する各事業者とともに進めていくことが必要な状況です。

《産地の今後の商品販売のあり方について》

現在、商品価値を市場、消費者に対して価格として提示するとき、消費者への販売価格の値付けの仕方は、商品の販売店サイドにおける消費者から見た場合の値ごろ感、期待価格、販売可能価格、類似品との競争価格などを考慮しながら決まってくるものであり、あまりにも生産コストを無視した価格設定です。

このことは、販売店における商品知識の欠落と商品価値への無理解がさらに価格競争の世界で販売競争を加速させているとも考えられます。

流通経路に関わる取引関係者の商品知識と価値の評価を適正化していくための啓発普及や商品の差別化、顧客の絞込み、販売先選択、購入機会の創出と動機付けなど、商品への高い評価を獲得するための商品ブランド化を図り、適正な付加価値の確保と販路拡大による売り上げ増を目指していくことが必要です。また、販売先マージンの歩合の高さも、結果として産地の各事業者に対しての対価のしわ寄せとして跳ね返っており、今後の販売先との商談、新規販売先開拓を進めていくうえでも見直しを図っていくことが絶対に必要です。

《販売価格の適正化と後継者問題について》

この値決めの現状を、産地における正当なコスト（原価）と適正なマージン（利益）を含めた形での商品価格としていくための業界ルールに変えていくよう産地として積極的に取り組んでいくことは、現在の厳しい経営環境、後継者問題、ひいては産地としての存続を考えた時非常に重要なことです。

現状を改善していくための方策としては、マーケティングの視点で考えると、販売ルート、販売先の新たな開拓、請負型ビジネスから提案型ビジネスへの転換（商品価値の提案であり、付加価値の高い商品をそれに相応しいところで販売展開、ブランド品シリーズ開拓）、ネット販売の導入・推進が必要であり、生産段階の視点で考えると、各事業者における製造コストの低減化、歩留まり向上、品質管理向上、生産技術向上、商品開発力向上、新技術導入（３Ｄ技術）による生産性の向上などを推し進めていくことが必要であると言えます。

《行政からの支援》

これらの課題を具体的に改善していくための行政からの支援として、産地窯元等の訪問や人材育成事業、経営セミナー開催等により、事業者ごとの課題解決に向けた現状評価・分析と単工程ごとの生産改善、品質向上、歩留り向上、販売支援、産地に対してのビジネスマッチング支援、ブランド向上事業、経営者の意識改革、人材育成などを多面的に実施しており、産地全体が活性化していくことを目指して業務を推進しています。

《産地従業者の所得向上と後継者対策に向けて》

相談業務や窯元訪問等を含め全体的な統計分類、整理、データ分析により、所謂企業カルテのようなものを整備し、産地事業者に還元することにより、センターも事業者もお互い進化して高いステージで産地の発展が図れないかと考えています。

産地従業者、特に後継者問題が深刻な生地製造業において所得を上げていくためには、構造的な課題である成果（納品）に対する労賃の適正化を川下事業者において図る必要があります。川上事業者の受け取り報酬（納品単価）が安いことは、従前からずっと言われていることであり、いつも引き上げの堂々巡りの話で終わっているところです。実際に引き上げていくようにするための具体的動きをつくっていくためにも、商品種類ごとの標準的なコスト計算をしたものを各分業事業者において共通のものとして認識してもらい、個々の取引のベンチマーク（基準）としてもらうことを普及していったらどうかと考えたりもします。しかし、現実は事業者ごとの技術力の違いや、単価交渉は個別にされることは変わらないところです。今後、この課題を好転させる動きが業界環境の変化に合わせ、産地の中で出てくることを期待しています。

6　波佐見焼ブランドについて

◇ブランドづくりの生産者側における要素

商品として市場に出し、消費者において継続的に購入してもらうための製造業としての必要条件の基本的なところは、以下の三点です。一つ目が品質（他産地、他素材と比べて高い質、不良品なし、差別化、安心感）であり、二つ目が適正な値段（品物として消費者側が妥当な値段として評価する価値）であり、三つ目が納品の確実性（販売業者に対して、指定された日時までに必要とする数量の商品を納めること）です。

これをマーケティングの視点から観た、生産者側と消費者側のマッチングを図る活動として整理をしてみると、生産者側は、売れる商品を売れる価格で、売れる流通販路に出したうえで販売宣伝、営業活動を展開するという行動になります。消費者側は、その対価として払うことに納得できる価格で、購入しやすい場所で吟味納得したうえで買えることが消費行動となって表れます。この生産者側と消費者側の活動が売買につながるような機会を創っていくこと、または求めていくことが売り上げ拡大の要諦です。

【波佐見焼ブランドの現状】

①世間一般の評価、評判、認知状況について

・波佐見陶器まつり、桜陶祭での来場者からの現象面で見た場合は、そこそこの認知度はあると評価できるが、有田陶器市との比較では、日程が重なる中での来場者数（観光客）の比較ではかなり少ない。
・長崎県産陶磁器認知度調査（平成24年度インターネットアンケート調査　首都圏の20～60歳以上の女性５００人）によると、全国の名産地として上位は、有田焼＝伊万里焼57％、九谷焼36・６％、益子焼26・８％、信楽焼19・２％、美濃焼14・８％で、波佐見焼は０・６％、三川内焼０・４％であった。
・東京ドームで開催のテーブルウェア・フェスティバルにおいては、平成24年度は有田焼より波佐見焼が売れた。このイベントは、専門のバイヤーや陶磁器に関係する人たちが訪れる展示会・販売会であり、マーケティングチャンネルにおける大きな存在になる方々への情報発信の場においては、波佐見焼は高く評価されていると言える。

②産地としての生産状況、売り上げ
・工業統計から見た産地としての生産額は、国内全体の生産額の推移と基調を同じくして下降状態に歯止めがかからない状況である。

③各事業所分業形態の変化
・売り上げ縮小は、仕事量が減ることであり、分業で産地を支える各事業者の数とともに事業所規模の縮小も余儀無くされており、また、所得の低さから後継者就業の問題もあり、今後の産地のあり

様を変えていく状況にある。

このような現状の中で、魅力ある産業として、外部から評価してもらう必要があるとともに、就業先において、他業種と比較してあまり見劣りしないレベルでの収入が期待できる事業体として経営が成り立たないと産地の活力維持は厳しい状況です。時代変化に合わせた生産形態を作り上げ、分業生産に関わる各事業者の付加価値生産額、いわゆる所得が高くなるようなマーケティングチャンネルの開拓、提案型のビジネスモデルを構築していく必要があります。

【産地の取組】

このような中、売り上げ向上に向けて、独自ブランドによる商品販売の動きやブランドづくりに向けた様々なイベント、広報等の動きが見られます。

波佐見焼ブランド化への動きでは、事業者主体で実施しているものが、行政支援の大都市圏へのアウトリーチ事業である「ファン拡大講座」、都市圏のデパート等での「波佐見焼フェア……食とのタイアップ」、「商品見本市・商談会」、「テーブルウェア・フェスティバル」、テストマーケティング事業、顕彰事業である「長崎デザインアワード」などです。また、これらに合わせた広報活動も、テレビ、ラジオ、新聞、ホームページ、メールマガジン、ツイッターなどの媒体を使って行っていますが、なお一層の県広報誌や情報誌等の県の広報ツールを使った広報と各事業実施主体による独自広報の強化、内容の充実を図っていくことが大切です。また、産地独自の宣伝活動としての都市圏へのキャラバン隊派遣、祭りに合わせたイベント告知のチラシ配りなど積極的な活動がなされています。

このような行政と民間が連携・協力しながらの波佐見焼のブランド化、産地宣伝の活動は継続的に実施していくことと同時に、相手に伝えたいこと、知って欲しいことを魅力的に組み立て、ロマンを感じさせるような中身で興味が湧くようなものにして広報展開をしていくことです。

波佐見焼は、時代時代で求められる代表的な商品（器）を日本全国に供給してきたという歴史を持ちます。現在も食生活を演出する食器を多様な消費者の要望に応えて提供していく焼き物であり、商品開発力を持った産地であることを広く伝えていきたいと考えております。現在の産地ブランドの市場における評価、認知をさらに広く多岐にわたり広報・宣伝し、販路拡大に向けた活動を他産地に負けないように実施していくことで波佐見焼ブランドが引き上げられていくことを願っています。

【地域の産地ブランド化に向けた実践例】

今後とも関係者の頑張りで更なるブランド化を図っていくことが必要ですが、実践していくべき事例としては、

①窯元巡り観光ルート・マップづくり
②歴史、文化、食、焼き物のストーリーづくり
③ツアー企画の働きかけ……キャラバン隊派遣、モニターツアーの実施
④個人観光への対応、祝祭日のショップ開店
⑤地元食材を使った料理や加工食品開発
⑥食事場所と窯元巡り、ガイドの充実とシステム構築

⑦食器持ち帰りの仕掛けづくり

⑧焼き物の里としての歴史と文化への自負と人材の育成

以上のようなことを実施していくことが、地域の魅力を顕在化し、町の歴史、町並み文化遺産の保存と伝統の継承につながり、町の魅力を熱く語れる人材を育てることになります。地域と人が組み合わさって、地元の受け皿づくりを進めるとともに、新聞・雑誌、インターネットサイト等による幅広い広報展開により、さらに地域の顕在化と地域ブランドの醸成につながっていくものと思われます。

特に首都圏等県外における広報については、新聞、テレビ、雑誌等メディア、自治体、旅行代理店に対して従前以上に働きかけ、キャラバン隊の派遣等によるニュース素材の提供、モニターツアーを実施し各機関がもつ広報媒体、商品企画に露出してもらうように努めていくことが大切です。

産地を訪れてもらい、来た人に良かったと思ってもらうためには、旅は非日常の時空であり、ここでの体験が感動的なものであり、思い出となり記憶に残るようなものでなければなりません。

産地及び周辺にある自然、景観、史跡、歴史遺構、祭り、地元食材を使った料理、イベント、体験、地元ガイドなどあらゆる地域資源に光を当て、磨き、これらが連動、連携してさらに魅力を高めながら活かしていくことが、地域ブランドを高めていくことになり、それがリピーターや口コミなどによる相乗効果により観光客などの交流人口をさらに増やしていくことになります。

産地・波佐見へ向けてのセラミックロードは、波佐見の町並みを巡りながら、焼き物を種にした日本文化探訪の旅を楽しんでもらうことが出来る素材を持った地域です。紀行文として、雑誌の中での特集やエッセー。バスツアーでも良し、ひとり旅でも良し、車でドライブがてら訪ねてもらうも良し、感動と満足と記憶に残る旅を自分なりのやり方で実践して欲しい場所です。

また、学校教科書の副読本や資料として生活、地理、歴史の中で波佐見焼を取り上げてもらうことも必要です。器の歴史に焦点を当て、日本人の食生活文化における食器が、土器から陶器、磁器へと変遷したこと、焼き物の発生、制作技術、伝来、文化、交易などを歴史とともに学ぶなかで、肥前窯業圏と波佐見焼を知る機会が生まれます。また、豊臣秀吉の朝鮮出兵の後、諸大名が朝鮮陶工を連れ帰った理由など、外交史を含めて学ぶ機会にしてもらうなど、学習素材となるものはたくさんあります。

7　産地一体になって未来へ

産地にとって必要な支援、求められる支援を行うことは、県が掲げる県民所得の向上という目標にも繋がるものです。産地個々の事業者が厳しい経営環境の中で、製造業としての基本的な信頼とブランド獲得のための製品の品質、価格、納品をしっかりと取引先に対して守りながら、さらなる生産における品質、市場に求められる商品提案、コスト改善、旧来からの商慣習の改善、販売ルートの開拓、提案型ビジネスモデルの普及などは、経営のやり方を少しずつでも変えていくための経営コンサルティングの支援が必要と考えています。

焼き物関連の事業者の所得は、長崎県の県民所得が全国的に見ても低い中で、零細な生地製造（家族経営が殆ど）の事業者が多い窯業関係者の所得は、さらに低い所得となっています。一人当たりの県民所得229万7千円（平成22年度・全国41位）と、工業統計から推計した一人当たり窯業関係従業者の所得145万円（平成22年）とを比較すると3分の2程度の水準です。さらに生地製造業を時間当たりで見た場合、推定ですが、県の時間当たり最低賃金664円（平成25年10月）の半分程度ではないかと考えられます。この時間当たりの実入りの少ない現実を、長時間労働と夫婦とその父母という家計全体で見た場合に、他業種の勤労者世帯と同程度の収入を確保しているという現実があります。また、父母においては年金収入、そして所有田畑からの自家消費用の食材の確保ができるという生活環境、いわゆる半農半窯《はんのうはんよう》が産地を支えています。

行政の支援は、所得向上のための市場獲得、販路拡大に向け、生産の質の向上から提案型ビジネスモデルの開拓、マーケティング等の幅広い経営支援が必要です。販売価格の決定、取引価格の決定に際し、産地事業者がイニシアチブを取り、納得のいくマージンを確保することが、事業者所得の向上、ひいては、後継者、新規就労者の参入に繋がり、産地の新陳代謝、活性化を実現することになります。

今、市場が縮小し、経営的にも厳しい産地に対して、経営環境の変化に対応していくための支援（経営コンサルティング）が必要と考え、プランナーでありコーディネーターとなる事業を実施しています。今後とも産地事業者の生産から販売まで、産地と一体となり地域振興のための業務に邁進してまいります。

波佐見焼の魅力発信のためには、データ分析に基づいた商品開発、値段設定、販売先選択、顧客層設定など行い、マーケティング展開をしていくことが必要です。そのことが、効率的かつ効果的な生産・販売につながり、波佐見焼のブランド化の確立と、ファン、購買リピーターの獲得にも繋がっていきます。

これからの波佐見が焼き物を通して、益々輝きを増していくことを期待しています。

共同体の意味と波佐見焼の継承

元ＮＰＯ法人グリーン・
クラフトツーリズム代表　深澤　清

はじめに

江戸時代の波佐見村には１００ｍ以上の登り窯が5基あって、その内中尾山に3基ありました。それらの登り窯は、１８０〜２８０年間燃え続けました。その理由の一つは身分制度の厳しい江戸時代にあっても、人間が生きる為でありました。二つ目は、窯業を本業にすることにありました。幕藩体制は、農業（米穀）が国を動かす原動力であり、その中心は石高制でした。それで各地に様々な産物ができたとしても、それは農業の片手間仕事でした。

中尾山は田畑がなく一粒の米も取れない所に、窯業を定着させて現在も茶碗を生産しています。築窯以来今日まで、３７０年も生産を続け受け継がれています。その登り窯の最長は大新窯で１７０ｍ（その中に39個の窯室）あり、「量産」を目的にしたことです。その登り窯の「運用と運営」に、最大の特徴があります。茲《ここ》に、波佐見焼の歴史を読み解く鍵があるとおもわれます。実はこれまで人々が気づかなかった、貴重な要素が眠っていました。

登り窯が280年も続いた背景は、需要と供給のバランスが良かったのも幸運でした。それと共に大村藩の指導と命令は、量産を目的に事業化を図っています。その為釉薬《ゆうやく》と薪の購入に、大村藩が相当な力を入れています。それでも運営の浮き沈みは幾度となくありながら、よくぞ火を消さず燃やし続けたと思います。170ｍの規模を誇るよりも280年間継続した、登り窯の「運用と運営」が世界遺産と言えるのです。これから波佐見の人々或いは日本国民が、伝統的な共同体の極意を中尾の登り窯で学習すれば、地域活性化の時代に心躍る産業創出の活動が出来、人間交流を促進する力になります。

時代背景

中尾山に窯ができたのは1640年代～1665年頃です。豊臣秀吉が朝鮮に出兵し、その帰還の際、大村藩の大村喜前公が朝鮮人陶工を連れ帰り、波佐見の中尾山に陶石を発見したのが開窯の大きな要因です。それ以来370年間中尾の窯は、一度たりとも火を消していません。あの大戦の時も、水筒や手榴弾を作り生き延びています。戦前・戦後の混乱期も窯主らが、どうにか窯（火）を燃やし続けてきました。その当時のことは、それに携わった人々がご存命ですから、その方々に、お尋ねなさることをお薦めします。筆者の拙文の中心は、登り窯の運用と運営の基となった共同体の作用にあるからです。

1650年頃になると徳川幕藩体制がようやく整ってきまして、徳川3代将軍家光から4代将軍家綱

の時代に当たります。陶磁器は平和産業ですから、時代に最も適していたと思います。そして華やかな元禄文化を創り出した、５代将軍綱吉の時代（１６８０～１７０９年）になります。５代将軍綱吉の就任前１６６０年代から波佐見村の各地で、開窯ブームが起っています。それは第一次波佐見焼黄金時代の始まりです。開窯以来最長の大新窯は１８０年間程燃え続けました。商品搬送も有田・伊万里港を経由し、瀬戸内海航路で大坂へ運ばれています。１６４０年頃中国に政変が起って、東インド会社が日本へ陶磁器の買い付けに来ています。それにオランダがよく斡旋仲介し、波佐見焼を長崎港から東南アジアと欧州へ出荷しています。そして華やかな元禄文化（１７００年）が興り流通も拡大していきます。

　更に時代は流れて文化文政時代が到来すると、量産による低価格のくらわんか碗が大ヒットしています。１７９０年代には高田屋嘉兵衛が、大坂から下関・富山・新潟・山形県酒田・北海道函館へ、日本海ルートを開発しています。この時代は7基の登り窯がフル操業し、作れば売れた時代が文化文政年間（１８００年代前期）です。それで中尾の登り窯は、〈大量消費〉の時代的背景に受け入れられ茶碗を作り続けます。しかし、文化文政も25年余で終わり、その余韻が１８５０年頃まで続きます。その後、需要が伸びない幕末の政治的混乱期に入ります。そのような時でも窯の火を消さず、登り窯を運営できたのは村落共同体の「結《ゆ》い」と「舫《もや》い」の考え方があったからです。

中尾山一帯は農業の鬼木郷と井石郷に隣接していますので、その人々と共に生きて居りました。農業が古の昔から、継続できたのは「結い」と「舫い」の、慣習があったのです。この結いと舫いについては、後の項で詳しく述べます。それから幕末を経て明治に入ると、個人で窯を開くようになり中尾の登り窯は縮小しながら、合資会社の経営に切り変わっていきます。そのため結いと舫いは、段々と消滅していくことになります。その結いと舫いが一番機能したのは、登り窯の全盛期１７００年代です。三股山・永尾山・中尾山・皿山の登り窯を２８０年間、燃やし続け運用・運営できたのは最大の宝物です。これこそ学ぶべき遺産であると言えます。

登り窯の運用形態と様式

中尾山・永尾山・三股山・皿山など、登り窯の開窯から閉窯まで２８０年ありました。その困難な仕事を続けた理由は、何処にあったか、その形態と様式を探求してみます。勿論その第一義は、人間が生きていく為の生活の手段です。その時代背景は、農業の石高制中心から商品経済への変遷です。戦国時代が終わり50~60年過ぎると、農地の地検も進み安定した平和な時代になります。人間の本能として何か事を興さないと、農業のみではじり貧になるのが目に見えています。それで自然に特産品の交換交流経済が興ってきます。波佐見焼も特産品として、有田・伊万里の陶磁器問屋へ卸しを促し流通が確保されます。時代は流れ元禄になり、波佐見焼が相当な勢いで出荷され生産が追いつかなくなってきました。

そこで登り窯を増やし、最終的には17基になります。そのうち、淘汰されて８基に絞られていきます。どの窯も傾斜角10～25度の傾斜地に築窯しているので、絵付け作業が済んだ半製品の生地《きじ》を勾配のきつい坂道を、窯まで１００～２００m担いで荷上げしています。その頃の運搬はまだ機械力がないので人力で担ぎ上げており、そのため担ぎ上げの専門職人がいたと想像されます。

登り窯の運営は、１グループ４人で10窯室を所有していたようです。一つの登り窯に、３グループあったとすれば30窯室になります。登り窯の規模にもよりますが、１登り窯の焼成時間を20日として年に６回窯入れすれば、概略２ヶ月に１度の回転です。筆者が一番関心をもっているのは、荷を持たず上っても骨折る程の最大25度の傾斜道を半製品の生地類を担いで荷上げしたことです。この時代、藩の事業はどこも組を作って仕事を進めています。同じように中尾の登り窯も組を作って、４人１組が１登り窯に２～３グループあったと思います。窯長４人の配下に80人とすれば、１人の配下は20人になります。１グループが80人を仕切るとすれば一つの登り窯に２４０人です。その登り窯が３基あったので、７２０人位が働きます。その他は採掘と杵つき粉砕作業と運搬作業になります。中尾の人口が１０００～１２００人位とすれば辻褄が良く合います。肉体労働の継続運搬作業は結いの思想があって、村共同体によく調和していました。

結いと舫いその①

「結いと舫い」の形態と様式は、日本中の農村で昭和30（１９５５）年代頃まで受け継がれていました。これは人間が生きる為の貴重な知恵です。結いとは、農業で人手が要る田植えと稲刈り時、隣人か親戚に加勢を受け返しする集約労働です。この共同して働くことを「結《ゆ》い」と言います。その労働に賃金を払わず、結い返しをするのみです。この結いの慣習で日本農業が１００年余も継承しています。故に農作業について、一切の理論は必要なかった。それは米を作らなければ、人間が生きることができないからです。この原理を登り窯の運用と運営に、窯長（経営者）らがよく取り入れています。窯長も元々百姓だったので、働く意味を誰から教えられることもなくよく理解していました。

次に「舫《もや》い」は船を繋ぎ留めるありさまで、「結い」と同じ共同作業のことです。漁村は現在でもそれを活用しています。この二つの考え方と仕組みを登り窯の運用と運営に、上手く取り入れています。故に農村と漁村は、結いの「結び」と舫いの「繋ぎ」で生き続けてきました。これは人間が関わり合って生きる、村落共同体のよき慣習です。これが日本人の心に深く浸透しています。その後、それが段々と廃れたのは農業に機械化が進み、他所の農家へ加勢に出る必要が無くなったからです。この慣習をご存じなのは現在、60歳以上の方々です。結いと舫いの慣習は、登り窯の生産を飛躍的に伸ばす事ができたのですが、それは人海戦術だった為、いつしか縮小するさだめを内在していました。

結いと舫いその②

現在の中尾山に５ヶ所の神社があります。厳しい時代を生きるのに神さまに縋《すが》らなければ、人間は安心して生きられなかったのです。故に現在もお宮を祀る習慣があります。陶石の採掘現場と登り窯への荷上げの時、怪我をすることもあったと思います。更に、発病し長患いすることもあります。それを身内が看病しても現代のような薬などなく、本人の治癒力に依るしかなかった。そんな所にも窯長は目配りしたと思います。

登り窯の運用を続けながら有田・伊万里の問屋に売りさばく営業も、厳しかったと思います。多分買い叩かれる市場だったと想像します。そんな中でも直接大村藩経由で、長崎へ卸せる商品は利益が大きかったと推測しています。幕末・明治になっても窯長と中尾山住民は、裕福になれませんでした。明治になって大村藩の介入がなくなると共に、登り窯の運営が難しくなりました。それで個人が窯を築き合資会社などを設立して、登り窯の運用と運営の仕組みが変容していきます。ようやく明治末頃から大正時代に商品が流通するようになり、中尾山に春が訪れてきます。そして昭和の初め（１９２９年）頃再び大不況となり太平洋戦争へ突入していきました。故に昭和20（１９４５）年前後は、非常に困難な時代でした。その後、昭和40（１９６５）年代頃から好景気になりましたが、いま又、グローバル経済の中で波佐見焼は苦難の時代にいます。結いと舫いを基本にした村落共同体の概念を学び直し、人間の生き方と在り方を見直す時代になってきています。

結いと舫いその③

仕事をするのに賃金だけでなく、日本農業の結いと漁村の舫いの思想をもってすれば、キツイ労働を克服するのに非常に上手くいきました。農業と漁業で生きる人々の村落共同体の考え方を取り入れています。今考えると10～25度の傾斜地に、窯を築かなくともよかろうと思いますが、この傾斜角が「火の回りと熱効率」が一番よかった（傾斜角が登り窯に最適）ので、２８０年間燃え続けました。それは又、商品の窯上がりも非常に良かった。仕事人の担ぎ上げ労働は、とてもきつかったのですが、食糧を得て生きることが嬉しかったのです。江戸時代、田舎にあって飯が食えて生きていけるのは最高でした。生活は苦しくとも明日の仕事がありさえすれば、人間は生き生きとします。封建制度の中で、波佐見の登り窯が8基も稼働していたのは驚くべきことです。この共同体を指揮した窯長が一番気をつけたのは、窯の焼き締め時の火の色（温度）です。更に、窯焚き熟練工の保護（確保）です。この様に窯長は人間の掌握に心血を注いでいます。江戸時代は他郷に人を求めることができないので、中尾山の狭い所で、皆が共同して生きる考えを窯長は持っていました。傾斜角10～25度、最長170mもの坂道を使って生地の荷上げと窯積み作業は最大の重労働です。何れも手作業で、全て慎重にしなければなりません。昨今の土木作業の如く、機械で簡単に荷上げできない。その上、窯を焼き締めて出荷するのは、相当な困難があった筈です。故に、神社が5ヶ所も存在しています。窯の火入れ時、必ず神様にお参りし上手く窯上げができるよう祈願して、心配事を小さくしていました。百姓が自然災害から田畑の作物を守る為、五穀豊穣の神さまを祀るのと同じ心境です。

村落共同体から産業共同体へ

登り窯で、280年の長きに亘り茶碗を焼き続けることができました。その登り窯を存続させた大きな理由の一つが村落共同体の結いと舫いです。この共同体の運用に、人間が人間として生きる原理が作用し合っています。それはどの作業内容にも現れています。その①は、陶石を掘り出し運び出す作業。その②は、杵つき運動で陶土を作りだす作業。その③は、生地を登り窯へ運び上げる作業。その④は、窯上がり商品を大貫まで運び出す作業。その⑤は、薪を窯口まで運び上げる作業。その⑥は、グループ同士の窯焚き作業の連携。その⑦は、窯焚きの季節変動による火の色の温度調節。
この登り窯を運営するのに、窯長は人間への深い思考と思慮を持っていました。それで諸々の労働条件を超えても、運営が上手くいかなかったら行き止まりです。更に、次から次へと注文が来るとは決まっておりません。誰かをマーケットへ走らせ偵察などできない封建体制の法度がありました。乏しい情報しかない中で、登り窯の運用と運営に窯長が苦心したのを想起できます。それらの苦難を乗り越えたのは、農業から取り入れた「結い」と「舫い」の賜物です。

中尾山の陶工職人は初めから陶工でなく、波佐見村界隈で農業を生業にした農家の二男~三男であった。その人々は自然に結いの心が育まれており、抵抗なく陶磁器製造の荒仕事に入っていけました。最大の魅力は、賃金をもらえて生活ができたことです。農業の結いは農繁期の集約労働ですので、お互い農家に3日加勢したら、次は加勢を受けた農家が同日数加勢返しを行う慣習です。この様に農業の結いは、労働対価の日当がないのです。此処が産業共同体と村落共同体の大きな違いです。農山村の村落共同体は、加勢に来てくれた人を大事に扱い食事も泊まりもＯＫです。そこに人間としての「礼と仁義」が発生する所以がありました。産業共同体は小額にしても、お金で片付けるからそのような礼と仁義が発生し難いのです。中尾の登り窯の窯長がそこに気づき、これを応用したのです。茲《ここ》では沢山の賃金を払えないので人間として仁義を守り、２８０年の長きに亘って登り窯の火を燃やし続けました。それで登り窯の運用と運営が世界遺産と言えるのは、働く人々に人間尊重の想いが浸透していたことです。ここに地域活性化の真髄があります。波佐見町の登り窯を語るのは、この辺りに大きな課題と意味があります。

千人以上の雇用の発生

大村藩の指導命令は量産をめざすお達しでした。波佐見焼は量産が目的なので、最初から登り窯の立ち上げです。その為の販売先も確保しなければなりません。そして登り窯が上手く機能するよう陶石の採掘と、粉砕用杵つき装置と人員の確保もしなければなりません。茶碗作りで最も重要なのは窯の焼き締め温度です。次が仕事人の集約と統制です。窯の焼き締めは経験者の朝鮮人陶工がいました。問題は大勢の仕事人を如何に確保するかと、陶工の訓練です。始めの頃は何もかも上手く行かなかったと思いますが、話し合いと経験を重ねながら何とか売れる茶碗ができるようになっていきます。技術的なことは資金があれば、何とか超えることができます。しかし、何も経験がない所から始めたので、相当な困難があったと想像されます。仕事人は井石郷《いせき》・鬼木郷から募った百姓達です。その人々は元来農業者ですから村落共同体の結いが、ＤＮＡに内在しています。だから荒仕事の担ぎ上げと陶石採掘は、教えなくとも自然にできます。しかし、人が狭い所に集約されると、必ずもめ事やケンカがつきものです。これを統制するのが窯長です。

登り窯の窯長に人間的な魅力がないと、運営が上手くいかずおかしくなります。登り窯が１８０～２８０年間燃え続けたのは、窯長の人物が良かった点にあるとみることができます。その頃は学校もないので、読み書きができない人達です。読み書きが可能なのは、大村藩から出張してくる武士達です。そのうち、寺子屋ができ窯長と一般も読み書き算盤ができるようになり、波佐見焼が大坂・京都・江戸へ流通するようになります。登り窯の最大の功績は、陶磁器の茶碗を日本中へ低価格で普及させたことです。それまで庶民の食器は、土器か木の器でした。そこへ青白磁の衛生的で軽い茶碗を普及させ、庶

民生活を豊かにしていきました。全ての商品は、人間生活に寄与することが必要です。それで中尾山は「一つの村落で1000人以上の雇用を生み出し、農業以外で飯が食えたこと」を他に類のない特徴としていることです。波佐見村の住民にとって産業の概念が無い時、人を雇用し登り窯を稼働させ流通を拡大させているのを、後世の我々がそれを学ぶと面白い。現在は丁度いい塩梅に、地域活性化が叫ばれているご時世です。現在波佐見焼に携わる人々が登り窯の運用と運営から学ぶものは、人間尊重の思想と哲学です。

共同体の意味は人間如何に在るかを探ること

現在、産業で利益を上げる情報はいたるところにあっても、人間如何に在るかの情報が乏しいのを私共はあまり気にしません。それで収益を上げて楽しく生きることよりこの生き難い世の中で、農業と漁業にあった結いと舫いを学ぶことが必要です。人間如何に在るかは、結いと舫いの「結んで繋ぐ」であります。現代産業は合理化を極限まで追求し、人間如何に在るかと如何に生きるかの基本を壊してしまいました。それを放置すると人間の本質である、関わり合って生きる原則が分からなくなります。それで産業は人間をバラバラにする要素があり、その大きな力を内部にもっています。更に人間が本質に目覚めるには、先鋭化した産業社会の中では困難です。故に産業社会で、人間の本質である「関わり合い」を学ぶことができず、大人も子供もおかしな事件を引き起こしています。これからの人間は、繋がり合って生きることが必要になります。

これまで日本は産業一辺倒で来ましたので、本来の人間としての生き方と在り方を私共はなくしています。それを取り戻す一つの方法は、農林省と国交省が取り組んでいるグリーンツーリズム（GT）と、ニューツーリズム（NT）の運動を進めることです。日本人は繋がり合って生きるDNAを潜在的に持っているので、必ずより良い生き方と在り方を学習し実践することができるようになります。

平成4（1992）年から始まったGTは、田舎を何とか元気にしようとの政策です。国と役所の意図はそれでよく、それ以上を私共が望むのは無理です。それで地域の人々が政策の意味をよく把握し、地域づくりと人づくりをやればよい。役人の中にはその意味をよく理解し、国づくりの端役を担ってくれる人もいますがそれはホンの一握りであるのを、現場の私共は強く認識することです。大概の役人は、分担業務をやっているだけです。このツーリズム運動は、これからの人間づくりの大本です。今後ツーリズム運動を産業社会へどのように入れ込むか、これは大きな課題です。故に、この結いと舫いをツーリズム運動の各場面でどのように活用し展開するかにかかっています。

その活用①＝意味の対話交流。②＝体験交流。③＝地域遺産等の見学交流です。その他様々ありますが、それを金儲けの手段にすると、地域おこしに歪《ゆが》みが出てきます。あくまでもツーリズム運動は手段であって、目的でないことを深く認識する必要があります。ツーリズム運動の最終目的は、人間が人間として生きる為の運動です。その手段として色々な体験と交流があります。それで波佐見町は丁度よい塩梅に、登り窯跡が8基もあります。それを案内するだけでも、地場産業と共同体の歴史を紐解くことができます。更に、そこで働いた人々の厳しい生活を語り継ぐのが、楽しい人間創りになります。この人間創りを基本にした、地域活性化の議論を推し進めると面白くなります。人間は人間の生き方を語り継ぐことで元気になり、生きるエネルギーを得ることができます。青い鳥は、お金を使って求めるものでなく自分の足下にあるのを見直すことにあります。これが村落共同体で、人間が生きる意味です。結果として、自己が自己を学び、自己実現ができることになります。

おわりに

波佐見焼は今後どのようにあるべきかを問うと、大概の人は「商品開発と市場開発を進めるしかない」と言います。筆者は人間性回復の運動を①に据えます。②に生活様式の変遷を考察した新商品の開発。③は伝統的なくらわんか碗等のマーケット開発。今、波佐見の登り窯が280年間生き続けたのを思い起こせば、今日の苦難はまだ「序の口」です。そして仲間同士は「一視同仁」の哲学が要ります。これが波佐見焼で生きる人々の意味と使命です。これまで波佐見焼に古文書もなく、ただ生きる為だけの窯焼きでした。しかし今から370年前を顧みると、人間の営みが永遠に続いているのが解かります。故に、人間が生きるヒントや方法が何処かに内在しています。中尾の登り窯くらい人間の生き方を教える材料は他にありません。今後日本人は、ゆっくりスタイルの生き方を楽しむことができれば面白くなります。地域活性化は人間創りを目的に地域再生のツーリズム運動を手段として、地域観光と波佐見焼開発と販売に有ります。その結果が国づくりです。先人のロマンを想起し、元気に生きることです。これが地域活性化の真髄であり、ここに提案する次第です。

（挿絵・松尾賢二）

波佐見焼生産者の動向と自治体における産地振興策

長崎県立大学経済学部教授　綱　辰幸

はじめに

現在､伝統的工芸品産業は､以前に比べ産業として大きな課題に直面している。伝統的工芸品の中でも、生産額、従業員数でも高い割合を占めている陶磁器産業についても同様の傾向がみられる。図１・２は、『工業統計（工業地区)』における全国計の「食卓用・ちゅう房用陶磁器製造業」の推移である。

すべての産地で、１９８１年から２０１２年の約30年の間で、製品出荷金額及び付加価値額については、80年代後半のいわゆるバブル期に増加しているものの、事業所数、従業員数については、一貫して減少し、それぞれピークの値のそれぞれ2割から3割程度にまで減少している。これは、海外からの低価格製品の輸入増大が原因と考えられる。また、海外からの低価格の商品の増大は、国内製品を価格競争に巻き込みながら、付加価値額の低下にも影響したことが考えられる。

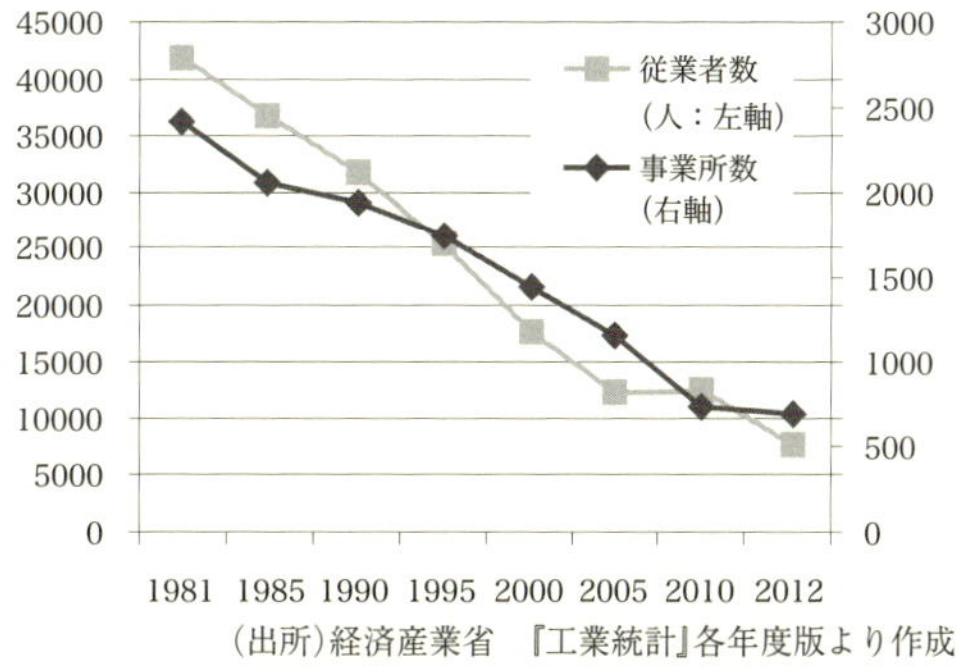

図１　全国の食卓用・ちゅう房用陶磁器製造業の推移

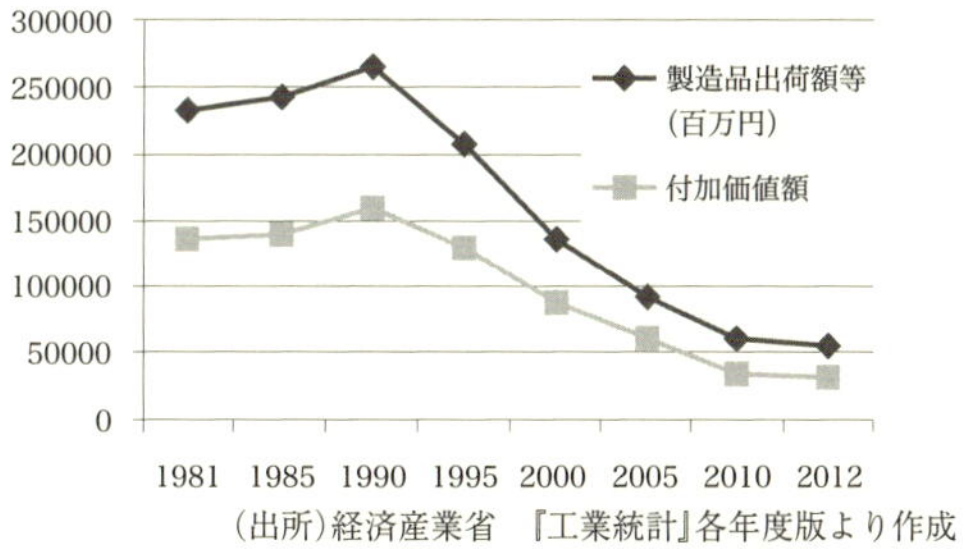

図２　全国の食卓用・ちゅう房用陶磁器製造業の推移

他方で、表1は、土岐《とき》市、瑞浪《みずなみ》市や多治見市などを含む美濃焼の産地である東濃地区、有田町など有田焼の産地を含む伊万里地区そして波佐見焼の産地を含む大村・諫早地区について、１９８１年から２０１２年までのほぼ5年毎の推移を見たものである（表1）。この三つの産地を含む工業地区で、全国の製品出荷金額の6割前後を占めており、この三地区が、我が国有数の陶磁器の産地であることがわかる。各主要な産地について、製品出荷金額の減少は著しく、２０１２年の値で１９８１年の2割から3割程度に減少している。ここで表は載せてはいないものの、事業所数、従業員数についても、同じく減少傾向がみられる。

その一方で、同じく『工業統計』において、東濃、伊万里、大村・諫早の各工業地区では、現在においては、企業所数の集中で「食卓用・ちゅう房用陶磁器製造業」が1位であり、出荷金額でも東濃で8位、伊万里で7位、大村・諫早で21位と上位を占めている。これに加えて、これらの産地では、「陶磁器製タイル製造業」「電気用陶磁器製造業」なども上位を占めていることから、陶磁器を中心とした窯業産業は、各工業地区において現在でも主要な地場の産業であることは明らかである。[1]

表1　主要産地の出荷額の数位

製造品出荷額等（百万円）／年	1981	1985	1990	1995	2000	2005	2010	2012
東濃地区	93,531	106,831	100,280	83,754	57,740	32,327	24,365	23,523
伊万里地区	21,261	21,132	30,799	23,925	16,329	12,171	7,811	6,964
大村地区	18,644	16,558	17,109	14,436	9,944	6,455	4,837	4,344
全国出荷額との割合（%）	57.4	59.7	55.8	58.8	61.7	56.1	61.1	63.0

（出所）経済産業省　『工業統計（工業地区編）』各年度版より作成

本稿では、最初に、伝統的工芸品及びその産地について説明する。その後、以前の産地診断をベースにした、波佐見焼の窯元へ行ったアンケートについて述べる。最後に、焼き物の主要な産地である地方自治体の振興策を紹介する。

Ⅰ　地場産業と伝統的工芸品

1　地場産業とは

地場産業については、その研究の第一人者である山崎充は『日本の地場産業』（ダイヤモンド社）において、その特徴を次のように示している。

第一に、特定の地域に起こった時期が古く、伝統のある地域である。[2] つまり地場産業とは、長い歴史、伝統に基づいた産業に関する集積地域といえる。また、山崎氏は、明治以前に興った産業の地域を伝統型地場産業、また明治以降を現代型地場産業と分類している。[3]

第二に、特定の地域に同一業種の中小零細企業が地域的企業集団を形成し、集中している。このうち、企業が特定地域に集中している理由としては、地域の自然、経済、社会的条件が深く関係している。これは、原材料、気候や風土などの自然条件や、豊富で低廉な労働資源の確保や資本の提供などがある。[4] 具体的に、前段部分は磁器でいえば鉱石（カオリン石）の産地の近くに磁器の産地が存在することをあげることができる。また後者については、明治以前に京都、大坂や江戸といった大都市周辺地域で多くの伝統的な地場産業が成立したことも理解できる。加えて、関連、類似の事業者が集積することで、技術の移転や資源の調達に多数の利点を与えたと考えられる。

第三に、製品の生産・販売に関する社会的分業体制が確立している。[5] 多くの地場産業では、当該の地域にそれぞれ専門的なサプライチェーンを形成し、それぞれ連携している。これは、陶磁器、着物、漆器または仏壇など多くの地場産業の産地では、製造の各過程における（一般に小規模の）中間生産財の生産者や問屋といった流通業者との有機的な連携を形成しており、それぞれが連携または競争し、地場産業を形成している。

特に、我が国の伝統工芸を中心とした産地では、この中小零細企業の集積と、それら企業間の社会的分業の確立を挙げることができる。これは、先に述べたように、企業間での情報技術の共有、原材料における調達コストの引き下げ等のメリットが存在するものの、高いスキルを要しない小規模零細企業による分業で価格を引き下げるより、商品企画やデザイン性を高めるべきではないか、加えて一貫生産により各生産工程をあげる必要があるのではないかとの意見もある。[6]

以上三つの特徴以外にも、第四に他の地域ではあまり産出しない地域独自の「特産品」であること。第五に、国内外の市場性が存在していること。さらには、生産者または問屋など地域におけるオーガナイザー（組織者）が存在していることが挙げられる。[7]

山崎らの地場産業に関する先行研究を石倉三雄は『地場産業と地域経済』で次のようにまとめている。「地場産業とは地元資源による同一業種に属する多数の中小企業が特定の地域に集積して地場産業を形成し、地域内に賦存する自然資源・原材料を利用し、もしくはそれらを地域外から移入、あるいは海外から輸入し、地域内の労働力によって産地に集積された技術・技法を駆使して、いわば経営を活用することによって特産物——主として消費財に関する完成品、あるいは中間品・半製品——を多分に労働集約的な生産方法に依拠して、当該製品などの販路を地元はもとより、広く国内市場、あるいは製品によっては海外市場にまで求めているものであるといえよう。」[8]

以上のように、我が国の地場産業は、ここまでの各研究、調査で述べてきたように、小規模零細の企業が集積し、その企業間での分業体制を基礎としていることが、その特徴ということができる。

2　産地における社会的分業の背景

次に、我が国の地場産業の特徴でもある社会的分業が、特に伝統的工芸の産地で現在まで維持されてきた理由として次の点を挙げることができる。[9]

第一に、一般にとりわけ伝統的な産業においては、機械化の遅れや機械化に適さないなど、生産そのものに規模の経済が働かないことである。

第二に、職人などの特定の生産者が一貫して作成するのではなく、生産工程の細分化が技術的に可能である。例えば、仏壇においては、金具、蒔絵などといったように、パーツについて分業を行っており、最終的に職人が仕上げ、完成となる。

第三に、低賃金の労働者の存在を挙げることができる。産地、とりわけ伝統的工芸の地場産業では、中心的な制作者以外は必ずしも高いスキルを要しない。そのため主要部分以外では、熟練、スキルによる参入の障壁は低く、その結果、多くのサプライヤーは、低賃金、低い生産コストによる中間財の提供が可能であった。

第四として、とりわけ中間製品のサプライヤーにおいては、高い技術水準、高度な装置を要しないケースが多いことから、小資本での新規参入が容易であることがいえる。つまり、高度のスキルを要しないことや、資本による参入障壁が低いことにより、他業種からの参入が容易となり、過当競争が発生する危険性を有するともいえる。

第五に、リスクの分散を挙げることができる。前記のこととも関連するが、これは、多くの産地における零細の生産者については、農家などの副業として行っていることが多く、不況期等のケースでは農業収入により生計を維持することが可能であるなど、農業などへの退出が容易であったといえる。このことで、生産調整など産地における生産から販売の各段階におけるサプライチェーン全体により、リスクを分散可能としている。

第六には、Ａ・マーシャルは、特定地域に同一業種の多数の中小零細企業が集積することで、気候や天然資源の活用など自然条件、宮廷の庇護、計画的な職人配置などの外部経済的なメリットが存在すると指摘している。[10]

第七としては産地におけるサプライチェーンの弾力性、対応力により、時代の変化に対応した製品の作成に有効であったことが挙げられる。

Ⅱ　波佐見焼の現状

１　波佐見焼の概要

波佐見町は、長崎県と佐賀県との県境に位置し、西は三川内《みかわち》焼の長崎県佐世保市、東は佐賀県武雄市、北は佐賀県有田町に隣接している。現在、波佐見町は、およそ１万５０００人の小規模な自治体である

表2　従業員1人あたりの付加価値額

（年．百万円）

工業地区	1981	1985	1990	1995	2000	2005	2010	2012
東濃	3.17	4.30	5.32	5.57	5.69	4.59	4.30	4.48
伊万里	3.31	3.64	5.09	5.25	5.39	5.41	4.20	4.94
大村	2.49	2.83	3.43	3.57	3.54	3.35	2.86	2.92

（出所）経済産業省　『工業統計（工業地区編）』各年度版より作成

表3　従業員1人あたりの製造品出荷額

（年．百万円）

工業地区	1981	1985	1990	1995	2000	2005	2010	2012
東濃	6.01	7.75	9.25	9.71	9.38	7.89	8.11	8.26
伊万里	4.80	5.36	7.30	7.34	7.67	7.45	6.50	7.03
大村	4.43	5.18	5.92	6.31	6.25	5.79	5.49	5.38

（出所）経済産業省　『工業統計（工業地区編）』各年度版より作成

が、全国でも屈指の窯業の産地である。この町で生産される波佐見焼は、経済産業大臣指定伝統的工芸品として指定されており、町内には陶磁器に関する約４００の事業所があり、町内の約２０００人が窯業関係の仕事にたずさわっている。[11]

佐賀県有田町、伊万里市、武雄市、嬉野市の塩田町地区、長崎県の波佐見町、佐世保市の三川内町地区は、一般に「肥前もの」または、いわゆる「有田焼」として知られる我が国有数の窯業、磁器の産地である。[12]現在、有田焼、波佐見焼、三川内焼と三つの焼き物のブランドが存在するものの、陶石は熊本県の天草陶石を使用し、佐賀県嬉野市の塩田地区で陶土を作成し、生地は波佐見町、そして焼成は有田町、波佐見町、三川内地区で行われ、有田や波佐見の問屋が販売を行っている。[13]このように、肥前の磁器は、美濃焼など中部地区と双璧をなす、我が国の磁器を中心とした窯業の産地である。

表2、3は、はじめに述べた我が国の主要な産地について、従業員一人当たり製造品出荷額と、付加価値額を比較したものである。波佐見を含む大村地区は、他の産地に比べて、それぞれの値について低い値となっている。これは、波佐見焼の特徴が普段使いであることと、統計の対象となっている従業員4名以上の生産者では、とりわけ、機械化による普段使いの家庭用一般食器を出荷していること

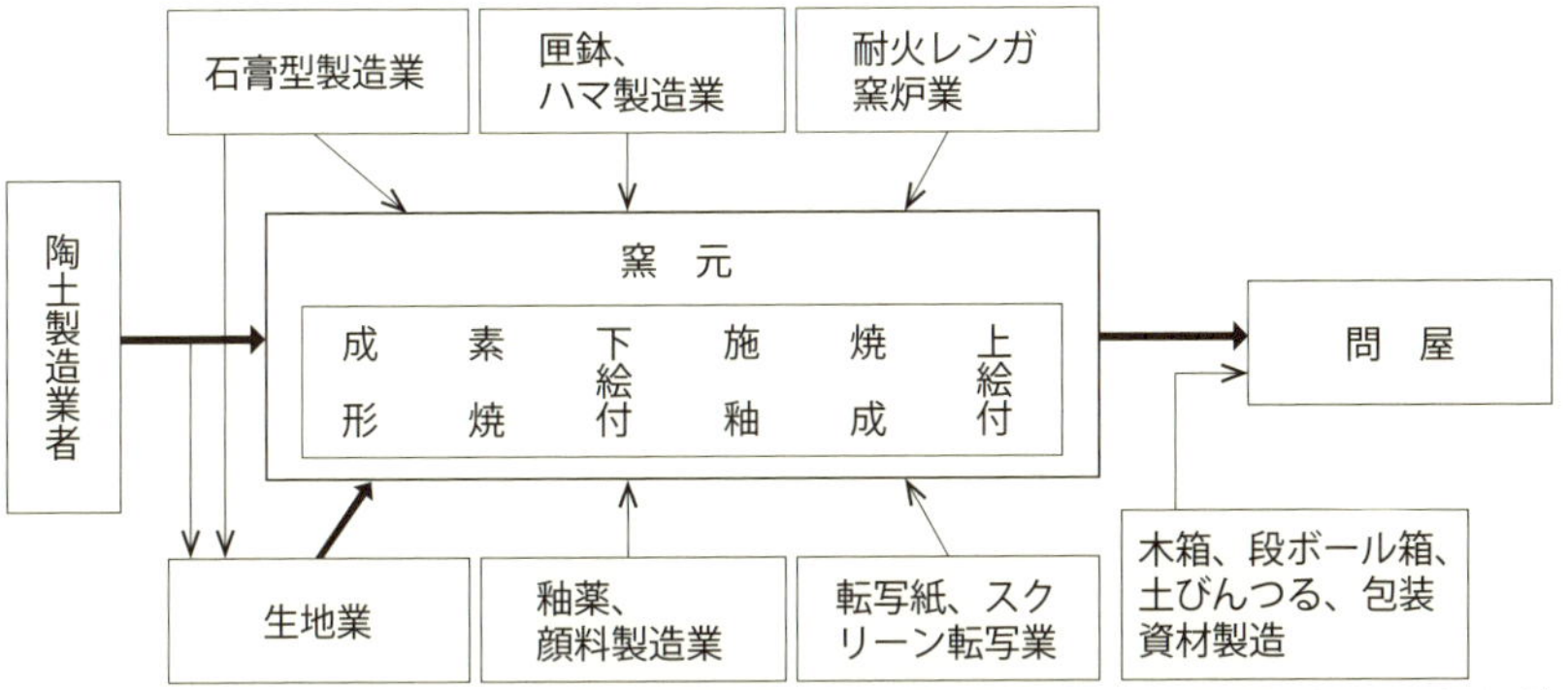

（出所）下平尾勲『地場産業　地域からみた戦後日本経済分析』p.63.（一部改）

図３　肥前地域陶器業の生産・流通

とや、他の産地に比べ「波佐見焼」ブランドとしての訴求力の弱さが影響しているとも考えられる。

２　波佐見の分業体制

波佐見焼の強さの一つは、地域に根付いた分業体制と言われる。この分業体制は、１９５０年代後半から日本の高度経済成長を背景に拡大してきた波佐見焼とともに確立してきた。[14] 図３は波佐見焼の分業体制を示したものである。

図４、５、６は、波佐見町の窯業に関する事業者数、従業員数及び出荷金額である（全事務所を対象としたもの）。これらの図より、波佐見町の窯業に関するいくつかの特徴をみることができる。

まず一つは、生地業者が多く、波佐見の成長過程で特に生地業が拡大していることがわかる。生地業は、ロクロ機械、ローラーマシン機、削り機、撹拌機、圧力機などがあり、やきものの形成にかかる部分を担うもので、ロクロ機械やローラーマシンなどは大量の生産が可能となる。鋳込み形成についても、生地業に含まれ、排泥込み（袋流し形成法）は、波佐見が得意とする形成法で、伝統的工芸品産業に指定された全国陶磁器産地の中で唯一特定の部門で認定されている。[15] 他方で、生地業者は、事業者数との対比で考えると、一業者あたりの従業員数、出荷額とも大きくなく、零細事業者が安価で運営していることが考えられる。生地業、鋳込形成は、大規模な生産システムの機械化の余地が少なく、軽作業ですみ、ロクロ形成ほどの特殊な技術・熟練を必要としないこと、広い作業場と乾燥場を必要としていたことなどから農家に広く取り入れられていた。[16]

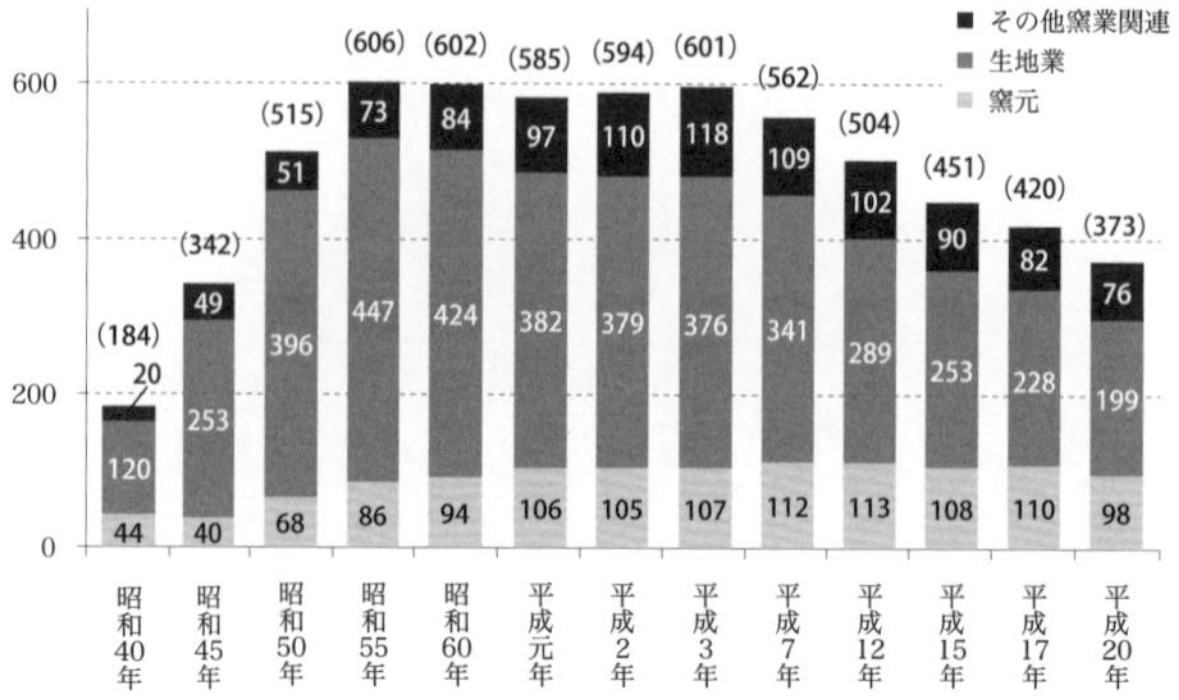

注：全事業者を対象　（出所）波佐見町提供資料

図４　波佐見町事業者数推移（件）

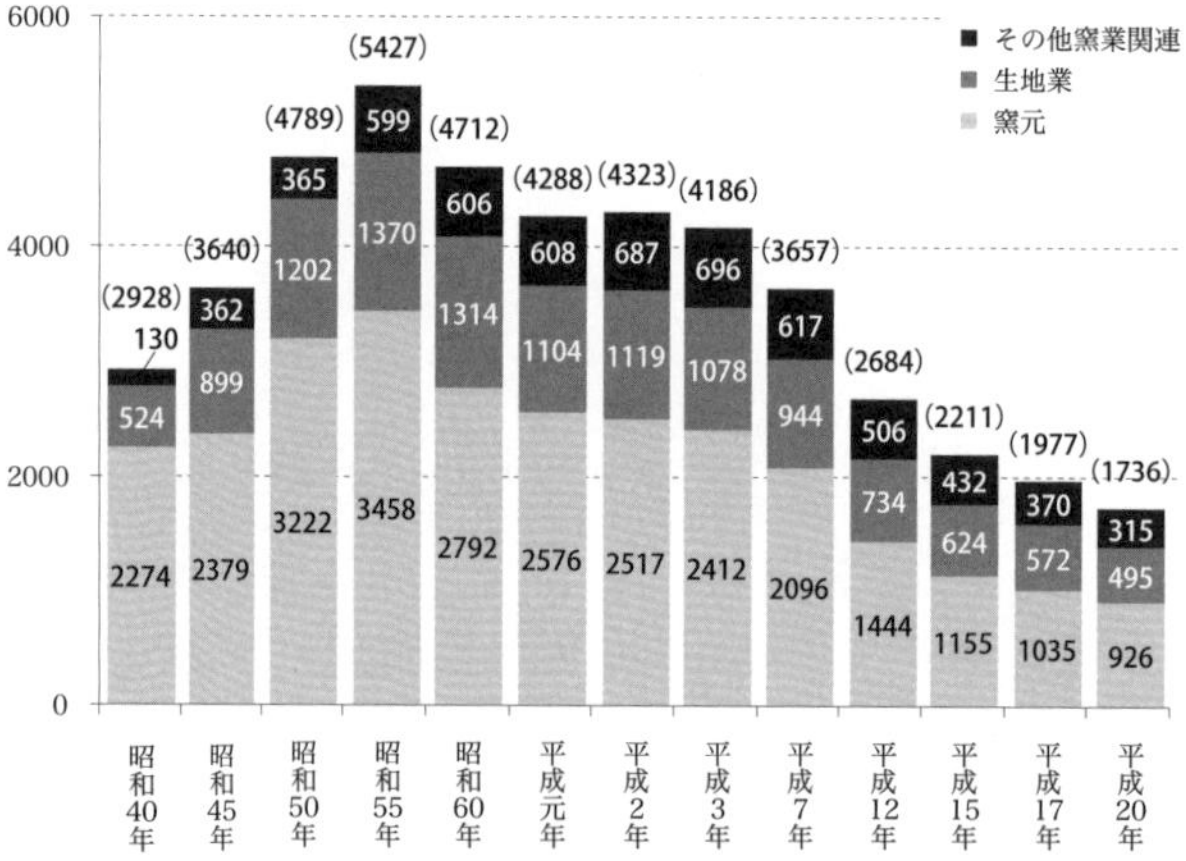

注：全事業者を対象　（出所）波佐見町提供資料

図５　波佐見町従業員数推移（人）

同時に、農業の機械化にともない農家の余剰労働力が、家族が所有する土地、家屋を利用し、現金収入を得ていた。[17] これらの構造が、有田、波佐見地区の窯業の拡大に貢献した。

生産の傾向としては、70年（昭和45年）代以前から出荷額、事業者が拡大し、90年代以降減少している。近年の減少は、本稿最初に述べたように全国的な傾

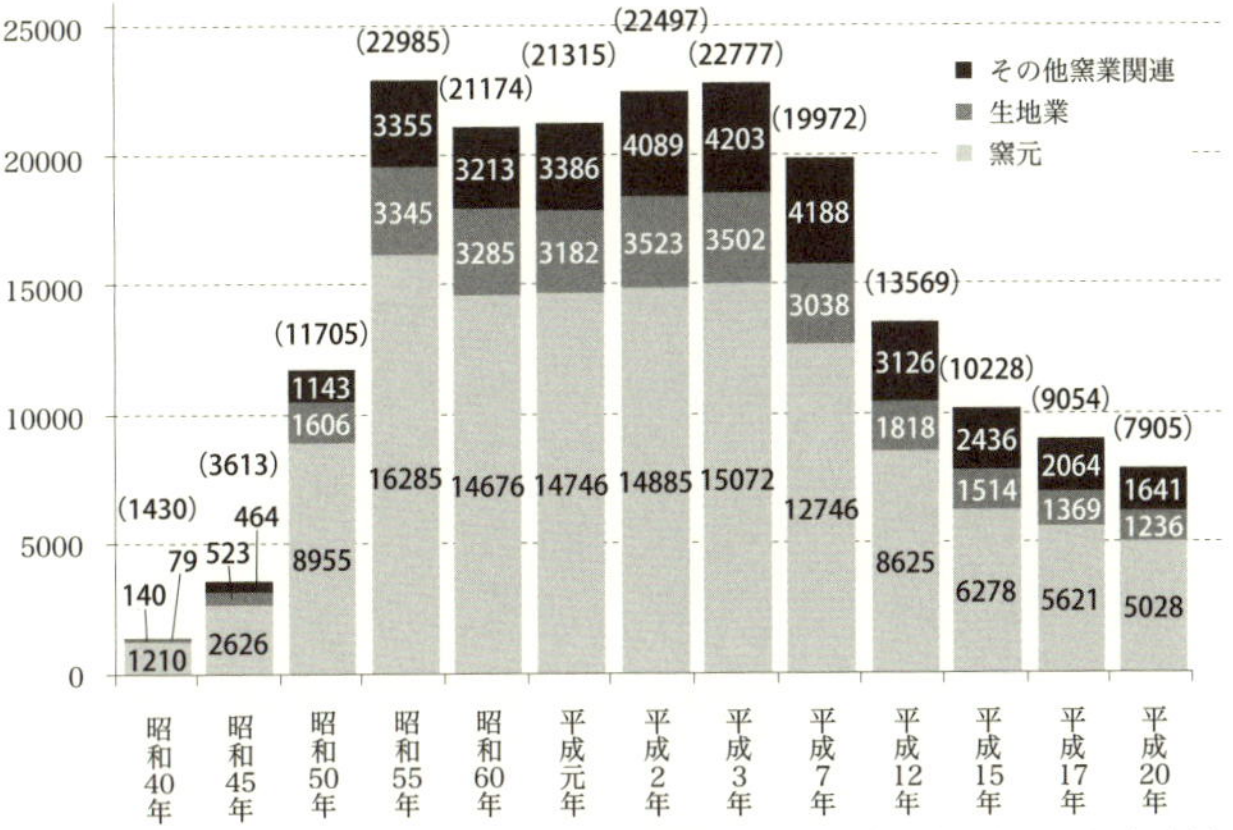

注：全事業者を対象　(出所)波佐見町提供資料

図６　波佐見町出荷額推移(万円)

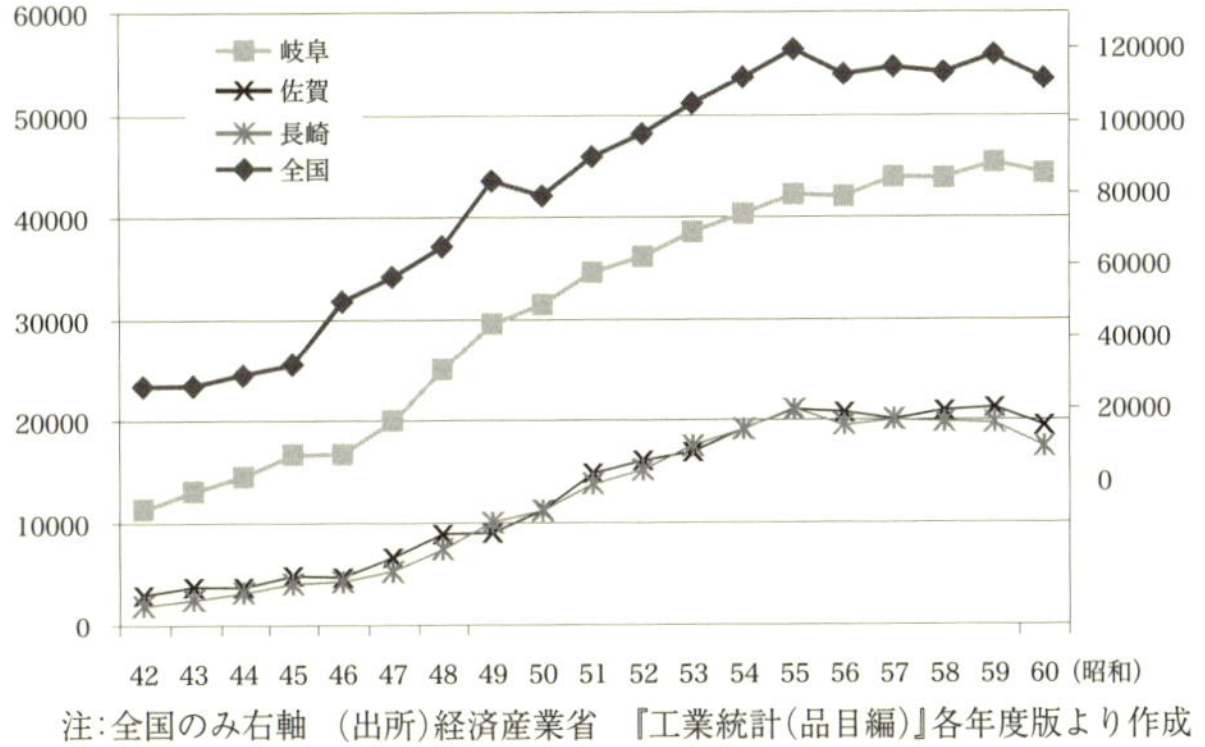

注：全国のみ右軸　(出所)経済産業省　『工業統計(品目編)』各年度版より作成

図７　昭和40—50年代の和食器出荷額の推移

向であるが、70年代の拡大については、図７で示すように、高度経済成長を背景に全国的に陶磁器の生産が拡大するなかにおいても、長崎、佐賀の伸びは高く、特に長崎の伸びは高く、この時期佐賀県と同水準の生産を行っていることが分かる。

　これは、特に波佐見焼については、石炭窯や薪窯から重油窯やＬＰ窯への転換など、他の産地に比べ早60年代より窯やロクロの近代化を推し進めて行ったことが影響していると考えられる。[18] また、有田の商人が、有田より、より安価で製品の発注が出来ることから波佐見に多くの商品を発注した。この背景には、波佐見周辺の農家の余剰労働を安価で吸収できたことがある。[19] この発注、生産の拡大が、さらなる資本の近代化を進めることを可能にした。そして、このような生産の拡大を背景に、生地業から窯元への転換が行われた。

Ⅲ　窯元へのアンケート調査

平成24年2月から3月にわたって、波佐見工業組合より25社を紹介、21社より回答いただいた。アンケートについては、事前に工業組合より配布のアンケートに記入していただくとともに、対応可能な窯元についてては、ヒアリングをおこなった。またその後、平成25年9月に、サンプル数を増やすため、波佐見焼振興会会員に郵送でのアンケートを行った。

面接調査、郵送によるアンケート調査、あわせて21社より回答をいただいた。このアンケートは、以前中小企業庁が行っていた伝統的工芸品産地調査診断事業による調査項目を参考に質問事項を作成した。

1　回答した窯元の概要

まず、アンケートに回答していただいた窯元の状況について整理したい。まず、企業の法形式としては、株式会社7社、有限会社12社（無回答2社）であり、多くは有限会社である。

創業については、中には江戸時代1800年代に創業した窯元があるものの、半数以上の13社が昭和40年代以降の創業である（表4）。このアンケートにはないものの、ヒアリング調査では多くの窯元は、別の窯業者からの独立など創業するまでも窯業に関わっている傾向がみられた。また、この時代創業した事業者は高齢となり、現在、後継者についても多くの事業者は関心を持っている。

次に、役員、従業員、パート（非正規労働者）などの、従業員等の人数は、一般的に少なく、50人以上の事業者は4事業者にとどまっている。20人以下が11社、また10人以下が4社と小規模な事業者が多い。他方で、役員、従業員、パートの割合では、従業員が約75％と圧倒的に高く、パート労働者の割合は15％に過ぎない。（表５・６）

直近３ヵ年を平均した年間総売上について、回答のあった18社（非回答３社）の平均が１億９０９４万円であった。年間売上高１億円以下の窯元が９社あった。このうち５０００万円以下の窯元も２社あった。[20] １億円以上２億円未満が４社、２億円以上が５社となっている。（表７）

「ここ2年間における貴社の全生産額に占める品種別割合をお知らせください。」として、各事業者生産物の種類について尋ねたところ、「茶碗類」が約30％でもっとも高い。個別の窯元においても「茶碗類」のシェアがもっとも高い事業者が14社と多い。続いて、コップ類、その他、どびんと急須の順になっている。（図8）

「貴社では生地製造部門を持っていますか」との問いについては、約半数の10社が「持

表４　創業年次

時　代	会社数
江戸、明治、大正	3
昭和20年以前	2
昭和20～39年以下	3
昭和40～49年以下	5
昭和50～59年以下	4
昭和50～64年以下	3

表５　役員、従業員（パート含む）の合計規模

従業員等人数	会社数
10名未満	4
10名以上20名未満	7
20名以上30名未満	2
30名以上40名未満	4
40名以上50名未満	0
50名以上	4

表６　役員、従業員（パート含む）の合計規模（20社）

役員			従業員		
男	女	合計(A)	男	女	合計(B)
38	14	52(10.9%)	129	225	354(74.5%)

パート			総合計(A+B+C)
男	女	合計(C)	
15	54	69(14.5%)	475

表７　近年三ヵ年度売上の平均金額（18社）

	会社数
５０００万円未満	2
５０００万円以上～１億円未満	7
１億円以上～２億円未満	4
２億円以上～５億円未満	5

っている」と答えている。生地製造部門の有無は、年間売上高1億円以下の企業でも5社が生地製造部門を所有しているとの回答があった。[21]

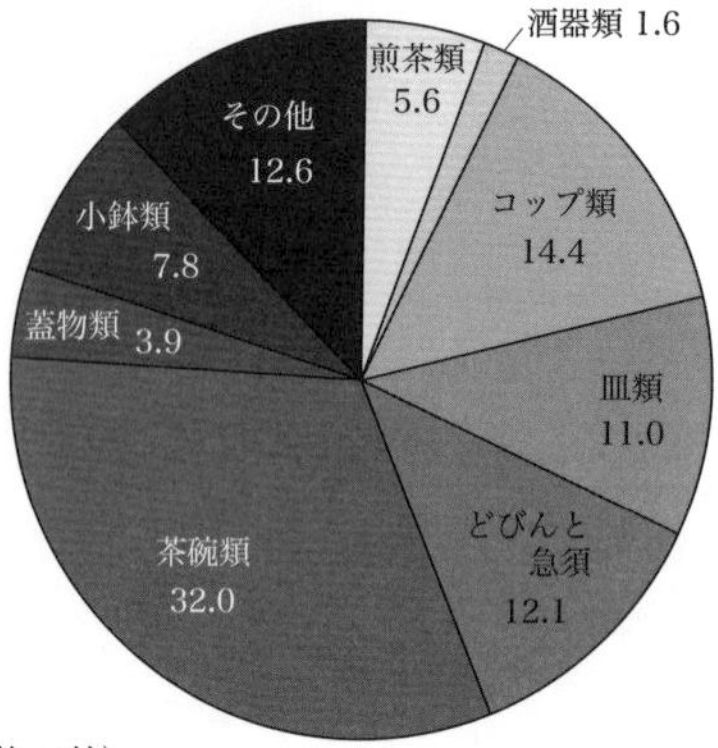

（回答 19社）

図8　事業者における製品割合（%）

2　窯元の経営上の課題等

窯元における「経営上の問題」について、複数回答で尋ねたところ表8のような結果がでた。もっとも多くの窯元が問題と考えていたのは「原材料費の高騰」で、17社の窯元がその点を指摘していた。当時は、円高ではあったものの、東日本大震災後のエネルギー状況の変化により、電気、重油などのエネルギー費用が高騰していた時期であり、そのことが影響したものと思われる。自由記述欄でも「燃料費（LPG）の高騰」との記載もあった。続いて、「多品種少量化による生産性の低下」、「短納期化」が指摘されている。これらの点は、海外からの安価な陶磁器に対抗すべき方法として、窯元が取り組んでいるものの、さらなる多様性、効率性についていくつかの課題に直面しているものと考えられる。

また、多くの伝統工芸において後継者不足は深刻な問題である。ここで、窯元として回答数は多くはないが、ヒアリング等では、生地業、陶土業など各種のサプライヤーにおける後継者不足の問題を指摘された。実際、自由記述欄でも、「分業先の後継者不在、高齢化」とあるように、今後の波佐見、肥前地区におけるサプライチェーンを維持できるかは懸念が残る。

表８　波佐見焼窯元における経営上の課題

（複数回答 21社）

原材料費の高騰	17	商品の品揃えが不足	1
多品種少量化による生産性の低下	15	地元同業他社との競合	5
設備の老朽化	8	(ア他産地製品　イ輸入品)との競合	1(ア)
作業場の狭さ･作業環境の悪化	2	代替商品との競合	1
短納期化	12	デザインのマンネリ化	2
加工方法のマンネリ化	1	新製品の開発力がよわい	2
公害等へ規制	0	市場情報の把握が不足	6
在庫の増大	2	クレーム･返品が多い	1
不良率の高さ	10	販売機能が不十分	2
従業員の高齢化	9	資金の借入難	2
後継者不在	4	支払金利の負担増	4
(ア　デザイナー　イ　技術者　ウ　プランナー)の採用難	4 ア：3 イ：3 ウ：1	販売単価が低い	11
		販売量の不振	4
		代金回収の悪化	2
人件費の高騰	1	諸経費の増大	4
従業員の(ア　出勤　イ　定着)率が悪い	1	その他	2

他方で、表9の「今後の経営方針」としては、回答のあった多くの事業者が「品質の向上」を挙げている。その次には、８社が「後継者の育成」と「新分野への進出」を挙げている。現在、昭和40年代から50年代に窯元になった世代が後継者へバトンタッチする時期でもあり、市場環境の変化や若い世代への世代交代を期に、新たな市場を求めて「新分野への進出」が必要になるものと思われる。逆に、廃業を検討している事業者はなかった。

３　流通の過程

流通については、次の傾向がみられる。卸業者については、地元及び消費地商社とも現在の関係を維持する。その一方で、取引先の数を増やすとともに、直接販売の拡大を考えているようである。特に直接販売を望む傾向は強い。また、インターネットでの販売も5社が既に開始しており、さらに6社が導入を検討している。窯元としては、インターネットや陶器市、「くらわん館」、個別店舗（工房）での直販の割合を高め

表９　今後の経営方針（複数回答）

（21社）

	回答数
人員の削減	0
合理化・省力化の徹底	2
後継者の育成	8
老朽設備の更新	2
財務体質の強化	7
市場情報収集力の強化	5
新分野への進出	8
経営の多角化	4
品質の向上	14
高額商品の生産	5
その他	0

表10　流通に関する展望

設問	選択肢			（A）	（B）	（C）	回答数
「取引先数」を	増やす（A）	現状維持（B）	絞る（C）	11	7	2	20
「地元卸との結びつき」を	強める（A）	現状維持（B）	弱める（C）	7	12	1	20
「消費地卸との結びつき」を	強める（A）	現状維持（B）	弱める（C）	5	13	0	18
「直接販売の割合」を	増やす（A）	現状維持（B）	減らす（C）	16	3	0	19
「インターネットの利用検討」を	始める（A）	導入済み（B）	考えていない（C）	6	5	7	18

ようと考えている。多くの窯元は、工房と直販のショップを併設しているが、アクセスに関するガイドも少ない。また、駐車場などないところが多いので、工房へのアクセスマップ、来客用の共有の駐車場、公共交通などの整備が必要になると思われる。（表10）

販売、商社については、8割以上の割合で地元商社を活用し、波佐見の商社の割合が3分2以上と高い。商社も含め生産流通と地元の強いネットワークを有していることが分かる。また、窯元と商社については、姻戚関係にあることもいくつかのケースでみられ、このことが販売、資金提供と波佐見地区における強力なネットワークを形成している一因とも考えられる。[22]（表11・12）

4　製品開発

製品（商品）の開発については、まず開発主体としては、「経営者・デザイナーの共同」がもっとも多く、規模に関係なく一定外部の意見を参考に進めて行きたいと考えている。多くの窯元は完成品に対するこだわりが強く、何らかの形で製品（作品）については、関与したいと考えている。

表11　販売形態

Q:貴社の販売形態についてお知らせください。

（%）（20社）

産地卸商	消費地卸商	小売業	デパート・スーパー	その他	組合共販
82.8	4.2	7.6	0.0	5.5	31.6

表12　地元商社への割合

産地卸商へ販売する場合の地域別比率をお知らせください。

（%）（20社）

波佐見の商社	有田・伊万里の商社	三川内の商社	その他地域の商社
65.9	24.8	3.3	4.4

用途、価格帯について、幅広く柔軟に対応していくことを考えている。どんなものでも対応できるのが波佐見焼であり、多くの方が言われることだが、「特徴がないのが波佐見焼の特徴」と言われるように、どんなものでも柔軟に対応していきたいと、生産者も考えているようである。一般に、波佐見焼は「普段使い」と言われ、中間的な価格帯までの顧客をターゲットとしていたことから、「高級品から廉価品まで幅広く開拓」とは、新たに高級品の市場も開拓していく意欲の表われと考えられる。

顧客への訴求点としては、「暮らしの場面に対する創造性に訴える」が圧倒的に多い。波佐見焼は、普段の生活での利用を中心に考えられているので、その点を視野に入れた利用しやすさなどが考慮されていると考えられる。

今後の方向性についても、現在の状況をより進めていきたいと考えているようであり、より波佐見焼らしく進化していくことを多くの窯元は考えているようである。（表13）

生産工程に関する技術革新については、「産地固有の技術・技能の伝承を重んじる」と「産地固有技術等の伝承と自動化等の推進とを同時に図っている」が同数であった。窯元としては、自動化、省力化に努めるとともに、伝統的な技法を中心に生産を進めて行きたいと考えているようである。（表14・15）

自社内におけるデザイン・製品企画部門の存在については、12社が

表13　デザインと今後の方向性

経営者自ら	デザイナー任せ	経営者・デザイナー共同	商社に依存	商社と連携	特別には行っていない	回答社数
7	1	15	1	5	0	20社
和飲食器にこだわる		和飲食器にこだわらない		食器自体にもこだわらない		回答社数
3		8		9		20社
高級品を開拓		廉価品を開拓		高級品から廉価品まで幅広く開拓		回答社数
3		0		16		19社
品質に訴える		目先の新しさに訴える		暮らしの場面に対する創造性に訴える		回答社数
3		1		17		18社

表14　今後の方向性（生産技術）

（19社）

産地固有の技術・技能の伝承を重んじる	自動化、省力化による効率化を優先する	産地固有技術等の伝承と自動化等の推進とを同時に図っている
9	1	9

＊選択肢には「その他」がある

表15　新分野進出（計画）について

（19社）

飲食器の範囲内で計画中	計画はない	飲食器以外の分野で計画中
6	8	5

表16　製品のデザイン、企画部門の創設

デザイン部門（19社）	既にある	12	創設を検討中	1	創設する予定はない	6
企画部門（18社）	既にある	6	創設を検討中	1	創設する予定はない	11

デザイン部門を有しており、また製品企画部門については6社が有している。（表16）

5　輸入品との差別化

輸入品との競合については、回答のあった窯元の約半数は輸入品との競合は避けられないと考えている。逆に、輸入品との競合が回避可能だと考えている窯元は3社のみで、伝統がある窯元が多い。輸入品との差別化については、「品質の向上」が15社と最も多く、次いで「高級品化」が8社である。輸入の陶磁器への対抗についても、品質の向上と、相対的に低価格層を狙う輸入品に対して、高級化で対抗したいと考えて

表18　必要としている情報

（３つまで回答可）(20社)

売れ筋商品の動向	13
他社の新製品開発	6
消費者の嗜好	8
従業員の育成研修	3
原材料の動向	10
他産地の動向	5
革新技術・新設備	3
その他	0

表17　輸入品とその対応

（ａ）　輸入製品等との競合

(17社)

避けられない	避けられる	わからない
8	3	6

（ｂ）　差別化の方向性

(複数回答)(19社)

品質の向上	短納期化	高級品化	品揃え	その他
15	3	8	4	2

いる。（表17）

窯元が必要としている情報としては、「売れ筋商品の動向」が最も多く、次いで「原材料の動向」である。（表18）

6　産地の今後の方向性

産地の将来に対する窯元の認識としては、次のような傾向がみられる。卸と窯元、産地内分業体制については、それぞれ今より希薄になると考えている。流通、販売については、先にも述べたが、インターネットや直販など、生産に加え、販売についても窯元がリードしたいとの考えが窺える。分業については、陶土や生地業における後継者の問題などサプライヤーの変化が大きな影響を与えることが懸念される。

波佐見焼ブランドについては、当然のことながら、ブランドのシェアの拡大を予想し、それを期待している。自動化、省力化や食器以外への事業の転換については、現状のままが中心である。同じく、海外生産、原材料の輸入についても現状と変わらないと考える窯元が多い。

最後に、窯元は、波佐見焼の産地の将来についてどのような見通しを持っているかについては、約3分の2が「暗い」と答えており、現状のままなら波佐見の窯業の将来について展望を見いだせない状況にあると考えている。（表19）

表19　波佐見焼産地の今後について

設問	選択肢			（A）	（B）	（C）	回答数
「窯元の数」が	増える（A）	変わらない（B）	減る（C）	0	1	20	21
「窯元・地元卸の関係」が	深まる（A）	変わらない（B）	崩れていく（C）	2	8	10	20
「産地内分業体制」が	深まる（A）	変わらない（B）	崩れていく（C）	1	6	13	20
「最終消費段階における波佐見焼ブランドでのシェア」が	拡大する（A）	変わらない（B）	縮小する（C）	15	4	2	21
「最終消費段階における波佐見焼ブランドでのシェア拡大」を	希望する（A）	考えにない（B）	希望しない（C）	18	2	0	20
「自動化、省力化等の機械化」が	進む（A）	変わらない（B）	後退する（C）	3	10	6	19
「食器以外の陶磁器を生産する窯元」が	増える（A）	変わらない（B）	減る（C）	8	12	0	20
「海外生産を行う窯元」が	増える（A）	変わらない（B）	減る（C）	2	15	3	20
「海外からの資材調達を行う窯元」が	増える（A）	変わらない（B）	減る（C）	4	14	1	19
「産地の将来見通し」は	明るい（A）	普通（B）	暗い（C）	1	6	13	20

7　課題と行政への要望

産地としての課題について複数回答で尋ねたところ、もっとも回答が多かったのは「焼き物に携わる人材の育成」の17社である。多くの窯元では、後継者に関する心配が少なくないことから、サプライヤーも含めた産地全体の後継者について、窯元も懸念を抱いているようである。続いては、「波佐見焼のブランドの確立、浸透」、「情報ネットワークの構築」の順となっている。逆に、有田との共存や地域住民と連携についてはあまり関心を有していない。（表20）

表21は「行政が、波佐見焼の振興のために、特に力を入れて取り組んでほしい内容をご記入ください。特に重要と思われる項目3つを以下より選んで下さい」として、波佐見焼振興における行政の役割について尋ねた。

多くの窯元が行政に望む振興策としては、「金銭的な補助」が10社ともっとも多く、ついで、「国

表20　波佐見焼産地の課題

（複数回答）（20社）

窯元と元卸との関係の見直し	10
波佐見焼ブランドの確立、浸透	15
有田との共存共栄	5
地域住民との連携	3
情報ネットワークの構築	13
焼き物に携わる人材の育成	17
共同化への取組み	6
個々の企業の経営努力	10

表21　行政に対する要望

（３項目選択）（19社）

国内市場における販路・物流ルートの開拓	8
海外市場における販路・物流ルートの開拓	7
生産設備の更新及び新規技術の導入・活用への支援	3
補助金等資金提供及び低利融資、利子補助などの金銭的な補助	10
デザイン力及び製品機能の向上に対する助言	2
産地・産地ブランドに対する PR	7
ブランドの選定と不適切品の排除	1
新規業者（製作者）の発見及び育成	2
ブランド自体の向上・発展及びブランドの再構築事業	3
市町村を超えた提携	2
生産者以外の住民との連携	0
観光イベント他地域と住民との交流	3
積極的なトップセール	2
その他	0

内市場における販路・物流ルートの開拓」を望む窯元が８社あった。続いては、海外市場の開拓とブランドのＰＲとなっている。波佐見の窯元も海外市場を重視しているようである。

他方で、以前窯業産地の府県、市町村の行政担当者に対して行った同じ質問と比較すると、ブランドのＰＲや国内市場の開拓は、生産者のニーズと行政の対応がマッチしている。しかし、補助金や海外市場の開拓については、窯元のニーズはあるものの、行政の対応はできていない。「観光イベント他地域と住民との交流」については、行政は重要視しているものの、生産者はあまりニーズを感じていないところもある。[23]

８　地域団体商標の登録について

最後に「波佐見焼を地域団体商標に登録すべきだと思いますか」と尋ねてみた。地域団体商標とは、各地域で地域ブランドの確立が積極的に行われているなか、例えば「長崎カステラ」のように地域名と商品名からなる商標を地域ブランド育成のための商標登録として受けつけ、ブランドを保護するためにスタートした制度である。美濃焼、瀬戸焼や信楽焼などのいくつかの主要な産地は、既に、地域団体商標に登録している。
波佐見焼についても、他の産地と同様に登録すべきかと聞いたところ、そう思うが10、比較的そう思うが3と半数以上が地域団体商標に登録すべきと考えている。全般的にブランドの確立、PRについては積極的な意見が多く、ブランドの登録は波佐見焼の活性化の一つの重要なツールであると考えられる。(表22)
他方で、自由記述欄にも「地域ブランドというよりも、個々の窯元の独自の個性を前に打ち出す→窯元よりも造り手の個人の能力を前面に出しながら産地の底上げを。」とあり、またヒアリング調査でもまずは個別の窯元の質の向上という声はよく聞かれた。

表22　地域団体商標の申請について

(19社)

そう思う	10
比較的そう思う	3
どちらともいえない	5
比較的そう思わない	0
そう思わない	0
わからない	1

9　小括

ここまでのアンケート結果より次の点が考えられる。まずは、窯元としては、現在の普段使いの製品の生産の継続を希望している。ただその一方で、輸入品の拡大など環境の変化に対して、まずは、自身の品質の向上で対応することを基礎として、さらに現在の状況からより高級化もめざし、製品の種類について拡大を考えている。そこで、波佐見焼の普段使いのなかで、品質の向上と高付加価値を実現し、結果として波佐見焼のブランドの確立を考えているようである。
他方、現在の課題として、後継者や生産、販売に関する専門的な人材の不足を懸念しており、生地業など関連のサプライヤーも含め後継者、生産体制の維持に不安を抱いている。波佐見焼のブランドの確立についても求めているものの、ヒアリング調査では、行政や関連団体主導でなく、各生産者のスキルアップで獲得すべきものと考えている。また、行政に対しては、補助金と国内外の販売ルートの確立を求めている。

Ⅳ　地方自治体と窯業の産地振興策

表23、24は、最初の部分で挙げた岐阜、佐賀、長崎県と、関連する市町村として土岐市、有田町の焼物など伝統的産業に対する振興策と平成26年度の（当初）予算額である。スペースの関係もあり詳細については記載していないものの、展示会等による国内市場の開拓、新規事業者・後継者育成、商品開発などは多くの自治体に共通している部分である。実際、波佐見焼の窯元でも、東京ドームの展示会と、それに関する外部の専門家のアドバイスは大変役立っているとの意見も聞かれた。

ただ、岐阜県については、「ドームやきものワールド出展」の支援に加えて、「商品開発・流通支援事業」として、県内企業の商品開発・デザイン開発・販売戦略立案への支援として、デパートなど販売のバイヤーやマーケティング専門家を招いた指導などを行っている。さらには、「グローバルアンテナショップ（GAS）構築プロジェクト」、「海外展示会への岐阜県ブース出展」、海外へのルート開拓や「ネットショップ支援事業」など、非常に広範かつ詳細な対策をとっている。美濃焼といった焼き物だけでなく、和紙、刃物など伝統的工芸品が県内各地にみられることもあってか、岐阜県は、以前からオリベプロジェクトなど、伝統的工芸品産業の振興に力を入れている。（表23）

表23　主要窯業産地の振興策（県　平成26年度）

岐　阜　県	予算額（千円）
国際陶磁器フェスティバル美濃開催支援（地域産業課）	45,000
セラミックパークＭＩＮＯ運営負担金拠出	21,140
新ビジネス展開応援事業費助成金（新産業振興課）	70,000
中小企業販路開拓等支援事業費補助金（地域産業課）	42,000
岐阜県地域活性化ファンド事業（地域産業課）	86,000＊
グローバルアンテナショップ（ＧＡＳ）構築プロジェクト（地域産業課）	-
ネットショップ支援事業	-
海外展示会への岐阜県ブース出展（岐阜県産業経済振興センター）	-
商品開発・流通支援事業（地域産業課）	40,993
ドームやきものワールド出展負担金拠出（地域産業課）	-
県産品販売・情報発信拠点推進事業（地域産業課）	-
中小企業技術開発支援事業（産業技術課）	3,954
技術支援事業（岐阜県セラミックス研究所）	-

＊：ファンド事業については運用益　　（出所）岐阜県提供資料

佐　賀　県		予算額（千円）
陶磁器産地再生プロモーション事業		13,000
産地再生支援事業		25,997
九州山口陶磁展の開催		680
伝統的工芸品産業振興対策事業（国事業：国の補助事業で、県も補助）	後継者育成事業	1,400
	需要開拓事業	250

（出所）佐賀県提供資料

長　崎　県	予算額（千円）
意匠開発事業（市場マッチングプロジェクト）（補助金）	1,590
大消費地への波佐見焼のＰＲ（補助金）	1,880
波佐見焼の若手後継者へのロクロ、絵付などの伝統的技法を継承（補助金）	1,000
総合展示商談会出展事業（陶磁器産業活性化推進事業費）	9,000
長崎県地域産品商品力強化支援事業費（補助金）	6,000
長崎県陶磁器産地ＰＲ・新市場開拓事業（補助金）	15,000
長崎県陶磁器産地ＰＲ・新市場開拓（事業委託　ほか）	16,646
長崎ブランド産品輸出促進事業	-
長崎県陶磁器卸見本市大会開催負担金	700
伝統的工芸品月間事業負担金	410
伝統的工芸品展（ＷＡＺＡ展）負担金	1,160
全国伝統工芸士展出品負担金	100
ながさき陶磁展負担金	2,210

（出所）長崎県提供資料

むすびにかえて

岐阜県は非常に多岐にわたる振興策を実施している。しかし、美濃焼も減少に歯止めがかからないのが現実といえる。そこで、最後に、多治見市の多治見ながせ商店街などが取り組んでいる「商展街」を

表24　主要窯業産地の振興策（市、町　平成26年度）

土　岐　市	予算額（千円）
国際陶磁器フェスティバル美濃負担金	3,170
美濃焼産業観光振興補助金	7,200
中小企業販路開拓支援事業費補助金	25,601
道の駅「志野・織部」施設管理委託	3,150
美濃焼産業活性化事業	736
美濃焼上絵付陶磁器衛生対策事業補助金	405
陶器の日ＰＲ事業補助金	445
秋の美濃焼新作展示会補助金	876
土岐市美濃焼ＰＲ展示事業補助金	9,113
道の駅どんぶり会館に要する経費	38,788
陶磁器試験場経費	21,933
美濃陶芸村経費	28,060

（出所）土岐市提供資料

有　田　町	予算額（千円）
有田ニューセラミックス研究会補助金	252
伝統的工芸品産業後継者育成支援事業	662
佐賀県陶芸協会支援事業	71
有田陶芸協会支援事業	91
伊万里・有田焼伝統工芸士会支援事業	91
東京インターナショナル・ギフトショー出展事業補助金（がんばる事業に統一）	-
Ｊａｐａｎブランド育成支援事業補助金	-
有田町がんばる事業者応援モデル事業補助金	10,000
独立支援工房「赤絵座」事業	4,800

（出所）有田町提供資料

波　佐　見　町
駆け出し陶芸家塾
波佐見町中小企業振興資金貸付融資「波佐見町中小企業振興資金」
セーフティーネット保証認定
波佐見町工場設置奨励事業
陶芸の館
中尾山伝習館・交流館
勤労福祉会館
波佐見町働く婦人の家
長崎県陶磁器産業活性化推進事業
１）産地プロデューサー事業
２）連携活性化事業
３）需要開拓事業
４）長崎県陶磁器「全国発信！」事業

（出所）波佐見町商工振興課ホームページ

紹介したい。これは、秋にある美濃焼祭などのイベントにあわせて多治見の商店街で、若い作家などの陶芸作品を商店街の店舗におき、展示販売をする取り組みである。作品を展示・販売するのは、ギャラリーではなく、地元の信用金庫やラーメン店などである。これにより、作家は作品の発表や販売の機会をえることができ、商店街は陶磁器目当ての観光客等の回遊、商品の購入が期待できる。加えて、作家によっては、お店の理解により、商展街の期間を超えて、展示するケースもみられる。ここで重要なのは、作家、商店街のお店における販売等の直接的な利益だけではない。焼き物を展示販売することで、お店の人が地域文化に直接触れることができるとともに、遠方から来た焼き物の愛好家と接することで、地元の文化を再認識し、焼き物の生産者とそれ以外の住民の相互理解が深まることで、産地における地域コミュニティの一層の発展に期待できることである。

今後、窯元が、生産技術を高め、国内外市場により質の高い製品を販売していくことは、波佐見焼の伝統を後世に伝えていく上で非常に重要であると思われる。ただ、地域の宝として、波佐見焼を後世に残していくためには、生産者以外の地域住民の理解も不可欠であり、住民も巻き込んだ形の振興策が求められる。

注

1　経済産業省『工業統計（市区町村編）』の産業分類などを参考にした。
2　山崎充『日本の地場産業』、ダイヤンド社、１９８０年（５版）、P.6
3　山崎前掲書、P.24-25
4　山崎前掲書、p.7

5 山崎前掲書、p.7-8
6 黄完晟『日本の地場産業・産地分析』、税務経理教会、p.42
7 黄前掲書の15頁には、地場産業・産地に関する先行研究がまとめてある
8 石倉三雄『地場産業と地域経済』、ミネルヴァ書房、p.29-30
9 山崎前掲書、p.92-96
10 Alfred Marshall, Principles of Economics, Macmillan,London,1966. 馬場啓之助訳『経済学原理』Ⅱ、東洋経済新報社、昭和41年、p249-255
11 波佐見町ホームページ
12 下平尾勲『現代地場産業論』、新評論、１９８５年　p.199-200
13 下平尾前掲書２００頁や小原久治『地域経済を支える地場産業・産地の振興策』（高文堂出版社）p.67-69など波佐見を有田と一体の産地としてとらえる研究者も多い
14 久保田英夫「波佐見焼元卸商社の実態分析」『波佐見焼実態調査報告書』、九州産業大学産業経営研究所報14、１９８２年、p.19
15 波佐見焼振興会『長崎のやきもの波佐見焼ハンドブック』、２０１４年、p.21
16 下平尾前掲書、p.223
17 下平尾前掲書、p.223
18 下平尾前掲書、p.219-222
19 下平尾勲『地場産業』、新評論、１９９６年、p.68-70
20 非回答の３社は全てパートも含めて5名以下の窯元である
21 1社は売上額ついて非回答
22 岡村東洋光「波佐見焼窯元の実態分析」『波佐見焼実態調査報告書』、九州産業大学産業経営研究所報14、１９８２年、p.55-7
23 綱辰幸『陶磁器産地の振興と地方政府の役割』『波佐見の挑戦』、長崎新聞社、２０１１年、p.140-2

文化と芸術のある地域づくり

長崎県立大学経済学部教授　古河幹夫

鹿児島県鹿屋市の柳谷集落は人口３００人程度の小さな村落である。日本全国にある過疎高齢化の農村を代表するような集落であったが、人の和をうまく活動エネルギーに向けることに長けたリーダーのもと、「地域再生のモデル」として２０００年前後から注目されるにいたっている。そのリーダーが地域の特産品開発で弾みがついたあと打ち出したのが、アーチストを地域に呼び入れるとして、空家の活用であった。そのさいの考え方を「地域の発展は終わりなき文化の向上である」と語っている。多くの地域で「まちづくり」にとって文化や芸術の有効性、必要性が語られているが、それはどういうことなのだろうか、人間のありようの原点に立ち返って考えてみたい。

1　アートとは？

１９９０年以降、日本各地で展開されてきた芸術と地域とのコラボレーションは「アートプロジェクト」として注目されている。すでに１９５０年代~70年代から芸術家に見られた「作品」と「空間」への関心は、２０００年以降とりわけ新潟県の豪雪地帯を舞台にした「越後妻有アートトリエンナーレ」を契機にして、芸術の地域社会への積極的な働きかけをもたらす企画へと発展している。[1] 地域発展と市民参加型芸術活動において長野県飯田市の「人形劇カーニバル」は１９７９年のスタートから30年以上の歴史を積み重ねている。

地域社会との関わりを求める芸術において、現代芸術は人気があるジャンルと言われるが、一方で伝統的な芸術観を抱く人々にとっては理解しがたいジャンルでもある。「１９９０年代、イギリスの若手アーティストのデミアン・ハーストは、サメの死骸や輪切りにした牛、子羊をホルムアルデヒドに浸し、ガラスケースに収めた作品を発表した」場所に立ち会ったり、「１９９９年にブルックリン美術館で開催された〈センセーション展〉で問題となった作品には、像の糞さえ使われていた」となれば、「これがアートなの？」と理解し難いを通り越して嫌気がさすこともあるだろう。[2]

芸術とは何か、少し考えてみるのも必要なことだろう。芸術理論は近代ヨーロッパにおいて形成されてきた部分が大きく、そしてそこには古代ギリシア哲学の伝統が強く流れている。アリストテレスの模倣再現論はその源流の一つである。

「（模倣再現は）人間には子供の頃から自然に備わった本能であって、人間が他の動物と異なる所以も、模倣再現に最も長じていて、最初にものを学ぶのもまねびとしての模倣再現によって行うという点にあ

１　熊倉（２０１４年）、澤村（２０１４年）、藤本（２０１２年）
２　フリーランド（２００７年）、西村（１９９５年）、Compertz (2013)

る。次にまた、模倣して再現した成果を全ての人が喜ぶということ、……これも自然に備わった本能である。……例えば、甚だ忌まわしい動物であるとか屍体であるとかの形態のようなものでも、それをこの上なく精確に模写した絵などであれば、我々はみな喜んで眺めるからである」（アリストテレス『詩学』24ページ）

芸術作品がある何かを表しているという捉え方は自然なもので、特に絵画のような視覚芸術に対したとき、それが何を表現しているのかを想像しようとし、ある何か（自然であったり人物であったり）を精確に再現していると思われるとき、「そっくりだ」等の感想を漏らし、作者の技量に感心するとともに、我々が視覚において見たことがあるか見る可能性がある現実世界をうまく描写した作品に感動を覚える。だが写真技術の発達と普及は、絵画が模倣再現をめざす営みを根底から揺さぶることになる。また芸術の他の分野、たとえば陶器や音楽はいったい何を再現しようとしているのか、再現模倣説では説明がつかない。

我々の芸術に対する態度に大きな影響力を及ぼしている観念に、主に鑑賞者の観点であるが、日常のせわしない生活から隔離された静かな鑑賞をもって芸術作品に接することが芸術体験であるとするものがある。これは哲学者カントによって提示された「没利害関心的」態度という考えである。これは、例えば雪の降り積もりだしたのを目にして、勤め人は帰宅の足を心配し、農家の人はビニールハウスの野菜を心配するのに対し、旅行者は（あるいは地元の勤務中の人であっても）その深々と積もる様に心を奪われ自然が描く風景画にひと時我を忘れるような経験をすることをいう。

私たちはある芸術作品の前にたち、「なんとすばらしいものか」という感想を漏らす者がいる一方で、「これのどこがすばらしいのか。これが芸術か」と思いつつ自分の美的判断に自信がなく黙してしまうことがある。立派な宮殿を眼前にしてその豪華絢爛に感嘆する人もあれば、その奢侈・贅沢に権力者の顕示欲しか認めない者もいる。美しさは確かに好みの問題であるように思える。「あるものが美しいか美しくないかを区別するためには、われわれはそのものの表象を、……快または不快の感情へと関係づける。趣味判断は、それゆえ、なんら認識判断ではなく、したがって論理的ではなく、情感的であるが、ここで情感的判断ということで理解されているのは、その規定根拠が主観的でしかあることができないような判断である」（カント『判断力批判』85～86ページ）

私たちは何かあるものについて、「これは有用なもの（＝善いもの）」であるかどうかという判断を、日常生活においてたえず行っている。ダンボール箱を崩して整理したものは、整頓・収納に役立つと判断すれば「善いもの」として保管されるが、場所だけをとって無用のものと判断されれば廃棄物として出される。その何かあるものの性質だけでなく、生活における関連性のなかでその対象を把握することが必要である。カントはこのような事情を「善いものに対する適意は関心とむすびついている」と分析している。

「あるものを善いと認めるためには、私はいつもその対象がいかなるものであるべく定められているかを知らなければならない、言いかえれば、その対象についての概念を持たなければならない。（しかしその対象において美を認めるためには、私はこうしたことを必要としない」（95ページ）。どうしてであろうか？

「あるものが美しいかどうかが問題である場合、知りたいことは、その事象の現存がわれわれかそれともほかの誰かにとってなにか関心事であるのかどうか、あるいはもしかしたら関心事になりうるのかどうかということでなく、われわれがいかにしてこの事象をたんなる観察において判定するのか」ということだからである。「趣味の事柄において裁判官を演じるためには、いささかでも事象の現存に心を引かれてはならず、この点に関してまったく無頓着でなければならない」(88～89ページ)

かくて「趣味判断はたんに観照的である、つまり対象の現存にかんしては無関心に、対象の性状のみを快不快の感情と対照させる判断である」という有名な命題が示される。カントは美に関しては趣味判断という分類のなかで究明しようとし、世俗的・功利的な社会生活の脈絡から隔離して、作品なり現象なりをそれ自体において判断する行為のなかから、「美」であるかどうかがたんなる個人主観を越えて判明するとしているのである。

近代的工業化は技術発展と大衆民主主義、大衆消費社会をともなうものであり、芸術との関連では、芸術活動・作品に用いられる素材や媒体の多様化、芸術享受層の拡大、商業主義との妥協・確執といった新しい変化をもたらした。先述した芸術作品との「距離性」や「没関心性」を重要な要素とする近代的な審美論では芸術活動の変容を把握できなくなったと、バーラントは指摘する。そして「芸術は対象の備える特質に存するのでなく、人間が対象や出来事と相互に作用しあうなかでもつ知覚から生じる」として、①芸術とそれ以外の人間活動との連続性、②認知的な統合性、③鑑賞者の参加・関与、を新しい時代の審美論の中心的要素としている。[3]

パーフォーマンス・アートのような現代アートや、地域の景観を取り入れたアート作品の制作、鑑賞者が作品と触れ合ったり、作品群のなかを移動したりなどアート体験をキーコンセプトにした芸術の提示等、地域を舞台にした芸術を考えるうえでヒントになる指摘である。

2　想像体験の表現と共同体

芸術論におけるアプローチの転換、すなわち作品から経験へ、芸術の社会生活からの隔離から連続性へ、観照的立場から参加的立場へ等を理解し、芸術の教育的働きを把握するために、さらに芸術論を検討しよう。

私たちは芸術作品に接するとき、まずはそれを「感じる」。音楽を聴いて感じ取ろうとする。絵画を見てまずは自分のなかにどのような「感じ」が生じるかを知ろうとする。私たちは同じ人間であるが感覚の鋭さには個人差があり、音感の優れた人（例えば「絶対音感」）は普通人が識別できない音を識別できる。ある絵画を見て得る印象や抱く感情は、過去にどのような絵画を見た経験があるか、描かれているものの象徴的意味を理解しているかどうか、また観賞するときの身体的状態や気分にも左右される。「感情」とは当てにならない側面がある。

人間の感覚は五感（視覚、聴覚、味覚、嗅覚、触覚）として知られ、動物的存在にとっての本来の役割は身体の保全にあった。嗅覚、味覚、触覚は下級感覚と呼ばれ、生命保全の役割を第一義とするのに対し、聴覚と視覚は上級感覚あるいは遠隔感覚と称され、動物個体が外部環境を識別する手段としての役割が大きいとされる。芸術において、とくに上級感覚は大きな働きをするのだが、佐々木健一氏は「藝術は感覚を非身体的に用いる」と言っている。[4]

感情の表現をもって芸術を定義したのはコリングウッドである。「想像による体験、あるいは活動をみずから創造することによって、われわれは感情を表現する。こ

３　Berleant（1991）
４　佐々木健一（２００４年）。また優れた入門書として今道友信（１９７３年）

れが、われわれが芸術と呼ぶもの」[5]という。

芸術家が自らの感情を作品・行為を通じて表現するものが、視覚や聴覚といった感覚器官を通じて享受者に伝わる。しかしその際、享受者の想像という働きによって必ず媒介される。「本来の芸術作品は見えたり聞こえたりするものではなくて、想像されるものである。……われわれが耳を傾ける音楽は聞こえている音ではなく、聴き手の想像力によってさまざまに修正された音なのである」。

私たちが音楽を観賞するさい、なによりも耳という感覚器官から入ってくる音の情報を手がかりにして何かを感じとり、想像するのであるが、「音楽を聴く場合に、われわれが……聴覚的音響の連鎖と配合を現実に構成している音を聞いているだけでなく、同時に、音の領域にはまったく属していない想像上の体験、とくに顕著に視覚および運動の経験を享受していることは、広く知られている」。絵画的な効果を引き起こす音楽（たとえばサティのピアノ曲）が広く一般に受け入れられていることはその例示であるだろう。

絵画の場合もそうである。コリングウッドはセザンヌを例にあげて「あたかも盲人の人のように描くことを始めた」彼の「静物画のデッサンは、あたかも両の手で探りまわされた物体のようである」と分析している。カンディンスキーの絵画が音楽的であるとはよく評される。われわれの「想像」という働きにおいて、視覚だけでなく、聴覚や触覚のような感覚も関与しているのである。コリングウッドはこのことを、芸術作品の鑑賞においては、専門化されたひとつの感覚的経験（絵画なら視覚、音楽なら聴覚）と、全体的活動の想像による体験があわさっていると分析している。

私たちが外部の環境や自らを含んだ世界を認識するさい、知性と感性を用いるが、それぞれには特性がある。知性はあるものAが何であるか、あるいはAという現象とBという現象の関連性（因果関係など）を把握するさいに必要なものである。コリングウッドは言う、「ある婦人があるときは美徳の鑑であり、他のときは悪魔のように腹黒い」という陳述は誤謬かでっちあげであると。知性の働きには論証が含まれるため、正しい陳述であるか間違った陳述であるかは論証できる。一方、「ある婦人があるときは……、他のときは……」という小説での描写はある人の真実としては妥当でありうる、と言う。なぜか？「芸術が追求する真理は関係の真理ではなく、個別的な事実の真理なのである」から。言葉にならないものを芸術家は表現しようとし、享受者はその言葉にならない部分を感じ取らなければならない。

芸術とはコミュニケーションの一つの形態であるといえる。コリングウッドは芸術家と鑑賞者とのコミュニケーションが芸術にとって本質的な要素であると捉える。芸術家は自分がもつ印象、想像を観念に変換し表現しようとする。そのときの「感情が自分だけのものでなく、鑑賞者のものでもあるとすれば、芸術家の成功・不成功は自分の言い分が鑑賞者に受け入れられているかいないかによってテストされる」。芸術的創造活動のなかで漠然としていてはっきりとした形のない自分の感情を意識するようになる。自分が表現する作品によって鑑賞者に伝わる反応を確認することで、自分が本当に表現したいことが明らかになる。「〝これは良い〟という自分の宣言が鑑賞者の面上に〝そうだ、それは良い〟という木霊になって響くのを見るのでなければ、自分が本当のことを言っていたのかどうかは彼にも怪しくなってくる」のである。

人類は言語を獲得してから、コミュニケーションは言葉によるものが中心的な位置を占めている。言葉によるコミュニケーションでは、伝達される意味内容が、発話者や書き手と聞き手や読み手のあいだ

5　コリングウッド、p.343

で了解されていると基本的には思われている。ニュアンスの違いは当然ついてまわる。「君にこれを処理してもらいたい」という内容を英語で表現する場合と日本語で表現する場合、敬語表現の豊かな日本語では英語以上にニュアンスの幅が大きいだろう。解釈という作業が不可欠である。

窓から外を見ると一本の木のような垂直に立ったものが見えるとしよう。「あれは何？」という問いかけに対して、「あれは桜だよ」「あれは木だよ」「あれは近所の○○さんの所有地を示す目印だよ」という具合に、どのカテゴリーで応答しようとするのか、視点の取り方で答えは異なる。どの答えも正しいのである。ある夏の教室で授業中に教師が「今日は暑いね」と発話した場合、もしそれが窓際にいる生徒に対して向けられたものであれば、その教師は本当は「今この教室は暑いと思うので、君、窓を開けてくれないか？」と言いたかったのかもしれない。このように言語によるコミュニケーションにおいても、ニュアンスの幅、解釈の必要性、意味の階層性と文脈性がつきまとう。では感情・感性を表現しコミュニケーションする芸術活動の場合、どのような特徴があるのだろうか。

グッドマンは芸術作品の定義に関連して次のように述べる。[6] まず、すべての芸術作品は象徴を含んでいると言う。ここで象徴とは地図、図表、交通信号、数字、そして最も代表的なものが言語である。すべての言語が芸術的言語ではない。審美的な象徴と非審美的な象徴を区別する特質、たとえば絵画を交通信号から区別し、詩を新聞記事から区別する特質は何であろうかと問う。グッドマンは「芸術とは何か？」という問いは「あるものが芸術作品になるのはどんな時か？」[7] という問題設定によって、より良く答えられるとする。道端に置かれたありふれた石を例にとりあげる。その石は芸術作品ではないし、どんな種類の象徴でもない。しかし、ある時代の石の特性を備えたサンプルであるならば、それは象徴として機能している。ではその石を美術館に置いてみよう。すると、地質学的サンプルとしての石が備える特質とは異なった特性、すなわち大きさ、形、色、肌触り等を示し、それを美術館に置いた芸術家の意図を前提にすると、その石は芸術作品であると言える。人々が美術館でその石を眺めるときには、その石のもつすべての特性に注意を払っているのである。すなわち、同一の石が、ある脈絡においては象徴として機能するが別の脈絡では象徴として機能しないことが可能であり、ある脈絡では審美的象徴として機能するが別の脈絡では審美的象徴としては機能しない。芸術作品であるか否かは確率論的にしか答えられないということになる。

グッドマンは、審美的象徴として機能しているモノを際立たせているのは、ある特徴――手がかりや病気の兆候のような――であり、それは芸術作品であるための必要かつ十分な特質ではないが、そのような特質が多くあれば芸術作品としての可能性が高くなるという。インフルエンザの場合、喉のイガイガ、咳、熱等は罹患の兆候であるが、インフルエンザに罹患してもそれらの兆候を示さない人もいれば、反対にそれらの兆候の一つ以上を示しながらインフルエンザ罹患でない人もいる、という具合である。

また、芸術作品が備える特徴の一つに「相対的な語用論的充満性 relative syntactic repleteness」があるという。少しわかりにくい用語であるが、例示すれば理解されよう。いま、ジグザグな折れ線が描かれているとする（次頁図）[8]。もしその折れ線が心電図の線であるならば、注意すべき重要なことはただその折れ線の谷と山である。株価の変動記録にしても同様であろう。しかし、もしその線が風景画の山稜を描いたものであるとすれば、線の太さとか明晰度、色などの特徴が重要になるし、われわれもそのことに注意を払う。つまり、線の物理的特性の細かい側面が重要になるのである。

6　Goodman（1968）
7　このような問題設定は制度という視点から芸術の定義に迫ろうとした Dickie（1974,1984）にも見られる
8　Winner（1982）によるグッドマンを論じた箇所から引用した

図　ジグザクな折れ線

少なくない芸術家が、芸術とは想像を他者に伝えるコミュニケーションであり、言葉にならない何かを伝えようとすることであると、異口同音に述べている。画家千住博は言う。「芸術とは、伝達不可能とも思えるイマジネーションを何とかして、というか、あらゆる手段を使って、他者に伝えていこうとする行為のことです。ですから、料理、文章、絵画、音楽、時には踊ったり、劇を演じたり、映画にしたり、土を捏ねたり、石を削ったりして、いわば見えないものを見えるようにする、聴こえない音を聴こえるようにするのが、芸術家の仕事です。芸術とは、すなわち人と人の心のコミュニケーションのことなのです。わかりあえない他者と何とかわかりあおうと〝絆〟を作って行く行為のことなのです。[9]」

言語の獲得はヒトを他の高等哺乳類から分かつ重要な特質であり、それが記憶と伝達、複雑な社会組織、予測と技術を可能にした人類に不可欠の特質であるが、言語に先立つ、あるいはそれと表裏一体になっていたコミュニケーションとしての芸術。そもそも人類は歴史を遡ることいつごろから、芸術と思われる活動を行っていたのだろうか。考古学上の記録としては、石や骨や象牙に線・文様が付されたものや加工されたものが存在する。[10]また、洞窟に描かれた壁画も動物の生き生きとした描写によって、すぐれた芸術的技巧の証拠とされている。[11]このような壁画のある洞窟でわれわれの祖先は集団での踊りもしただろう。でも、それは何かを表現しようとした芸術的活動なのだろうか。あるいは狩りの成功を祈る儀式だったのか、それとも今でも子供たちが行う遊戯の一種だったのか。

人類学的にみれば芸術活動と（宗教的）儀式と遊戯はその初期の形態においては類似性が着目される、とエレン・ディサーナーヤカは主張する。[12]彼女は自ら行った民族学的な観察に生物進化論の知見を用いて、歌や踊りはどの文化にも見られる人間にとって普遍的で必要不可欠な行為であるとする。そして時間やエネルギーといった利用可能な資源の多くがそれに費やされている。遊びや儀式とも共通するが、ある行為や人工物を日常生活とは異なる領域に置く、つまりもう一つ別の現実性を作り上げ人々がそこに入り込むのである。彼女は芸術行為の基礎にある根本的な特徴は「特別性を持たせること」であると言う。

狩猟採取の生存形態をとっていた初期人類にとって、水と食糧を確保し、危険から安全に集団の安息を準備し、季節の推移に備えるといった「日常」に対し、新奇なものや異常なものとの遭遇・経験がある。いわば「非日常」である。そこから生じる押さえがたい感情表現、リズムや色・形を通して情動に

9　千住博（2014年）
10　例えば3万年～3万3000年前の南ドイツ、ホーレンシュタイン＝シュターデルで発掘された象牙製の像。ミズン（1998年）、p.207
11　フランス、アルデシュ地方ショーベ洞窟の壁画は約3万年前、ラスコー洞窟の壁画は1万7000年前と想定されている。同上。Renfew(2013)も評価のある研究
12　ディサーナーヤカの著作のなかで特にDissanayake(1988)。また、脳科学の最新の成果をわかりやすく紹介したガザニガ（2010年）のなかに、脳と芸術の関係についてコンパクトな解説がある。Tooby & Cosmidesもこの領域で代表的な研究者

訴えかけて差別化する行為――これらが芸術行為の原初的なものである。それはそれに関わるヒトにとって肉体的にも感覚的にも充足的なものであり、同時に集団の結束力を強める働きをする。生存上の利点を提供したはずである。

芸術、儀式、遊戯の同根説とも言えるこのアプローチは芸術の本源的な特徴を把握しようとする。芸術の本質的な要素としての共感にスポットライトを当てるのである。コリングウッドにも芸術と共同体との本質的な関連についての主張がある。「彼が芸術労働を引き受けているのは、自分のプライヴェートな利益のための個人的努力としてではなく、自分の属している共同体の利益のための公共労働としてだから……。」芸術活動は「一種の団体活動であり、誰か一人の人間存在に属しているのでなく、何かの共同体に属している。」「共同体が全体として自分の心を知ることはありえない」から、芸術家は共同体のスポークスマンとしての役割を果たさざるを得ない。

ここで「共同体」とは何をさすのだろうか？　芸術家の共同体だろうか、批評家や愛好家も含めた共同体（Dickie の言う art circle のようなもの）だろうか。コリングウッドは当時の「個人主義の美学」が支配的な風潮をふまえて、それを批判する意図をもってこの主張をしている。

現代において共同体あるいはコミュニティが人間存在のありようとして関心を集めている。様々なレベルや種類の共同体があり、一様に捉えるのは困難性があるが、地域共同体はきわめてイメージしやすい共同体の一つである。そして内山節が言うように、死者たちの記憶を含めて共に生きる人々が共同体の核にあると考えれば、共同体の記憶と感情を表出し伝えることは共同体存続の不可欠の要素であり、それに携わる「芸術家」も共同体にとってなくてはならない存在である。[13]　その芸術活動・作品が共同体成員の感情を代表する場合（例えばスメタナの交響詩組曲《わが祖国》）、それは同邦感情の形成に与り

「感情の共同体」を作り出すうえで不可欠の役割を果たすことになる。

３　芸術活動がまちづくりに果たす役割

ＯＥＣＤは全国レベルだけでなく地域レベルにおいても、文化が経済発展に果たす役割について報告書をまとめている。文化が果たす役割と言っても、従来は、製造業などに比べて小さい効果しかないとか、文化活動にしばしば公的資金が投入されてきたがその効果や如何と、限定的な活動領域とみなされてきた。しかし脱工業化、情報化の趨勢のもと、文化と産業の関係は見直され、三つの側面において注目されるべきとしている。[14]

第一の側面は、文化が当該地域のソーシャル・キャピタルを改善することを通じて、地域の発展を刺激できるのではないかという効果である。

第二の側面は、域外からの訪問者を通じて文化が人的交流を刺激する効果である。

第三の側面は、文化が文化的製品を製造して域外に普及させる効果である。

文化よりも限定的に芸術、日常生活や労働活動のなかにあるような広義のアートがまちづくりにどのような役割を果たすのか、次の三点を指摘したい。

まず芸術の教育的効果である。シラーの『人間の美的教育について』はこの古典的なテキストである。芸術が人間の感受性を発展させ、美と完全性のモデルを提示することによって道徳感情を涵養し人間と

13　内山節（２０１０年）。また共同体（コミュニティ）については広井良典が『コミュニティを問いなおす』（ちくま新書、２００９年）等で論じている

14　ＯＥＣＤ（２０１４年）

しての品位を向上させる。芸術の基礎にある動機を彼は「遊戯衝動」とよぶが、遊戯・芸術においてのみ人間の物質的欲求と理性的判断が調和し、社会的統合にも寄与する。格調高い論調は社会の分割と利己主義の跋扈する時代にあっては、理想へと屈することなく掲げられた旗印のごときものである。[15]

芸術教育が人格の陶冶に不可欠であるとの主張はリードにも見られる。「(美的教育は）意識や、究極的には人間個人の知性や判断力の基礎となる諸感覚を教育することなのです。これらの感覚が、外界との調和的で継続的な関係に持ち込まれる限りにおいてのみ、統合された人格は形成されるのです」[16]芸術こそが知覚と感情を完全に統合する唯一の方法であるとする。

芸術教育の意義は家庭教育や学校教育において認められ広く行われているが、地域社会において芸術教育はどのように扱われているのだろうか。伝統芸能の継承が人間形成に与える影響は明らかにこの範疇であろう。絵画、音楽、ダンスなど適切な指導者が確保できる地域ではすでに取り組まれているところであろう。芸術教育が、まずもって感性・感情の訓練および涵養であるならば、五感のうち芸術活動としてはあまり意識されない味覚の訓練・涵養について問題提起をしたい。子供の味覚を育てる教育である。これはわが国等では「食育」として行われている取り組みであるが、フランスでピュイゼ・メソッドとして実践されている教育である。[17]味覚を視覚、聴覚、触覚など五感の相互関連のなかで教え、日常的に食べる食材や調理法を地方の特産品や風景の理解にもつなげていくすばらしい教育である。私たちは高級なフランス料理とその技能については芸術的という理解をしているが、味覚涵養を絵画、音楽、ダンスと並ぶ芸術教育としてとらえることは稀ではなかったか。このような観点にたつことによって、食料を提供してくれる人々の暗黙知を含む知識や技能、自然への配慮、他者への思いやり、そして創造性にも正当な評価を行うことが可能になるだろう。

次は、人間の交流に対して芸術が果たす役割である。地域でおこなわれる芸術活動やイベントは地域外部からの訪問者にとって大きな魅力の一つである。アーチストの創作活動そのものに接することも情報化社会にあって新鮮な経験であろう。この点ではイベント一般はスポーツ等がもつ効果と共通するところがある。しかし、地域内部の人々の結束・一体感にとって芸術が果たす役割となると、プラスの面とマイナスの面があるかもしれない。

社会科学の分野では人々のつながりを「ソーシャル・キャピタル」と称して研究することが近年盛んである。これは「人間関係資本」と訳されている。人の繋がりを「資本」と捉えることに対して、経済学になじみのない人は違和感を覚えるかもしれない。資本とはそれを用いて様々な活動を行う元手のことで、お金のこともあれば、土地や人材などのこともある。同じ一個の人であっても一方は英語が堪能で会計知識も豊富であり、他方は残念ながら大学中退で日本語の文章能力も不十分である場合、前者は後者より「人的資本」として価値があることになる。人間としての値打ちとはまた別の話である。そのように考えると、ある地域の住民は（他の地域の住民より）頻繁に寄り合いをもち、地域内のイベント数とその参加者数が多く、サークルなども多いような場合、ソーシャル・キャピタルが大きいと判断できる。地域の活性化に用いる「元手」として値打ちが高いと経済学者等が判断するのである。

では芸術活動はこのソーシャル・キャピタルとどのような関連があるのだろうか。あくまで推論であるが、とくにモダン・アートについては好き嫌いの度合いが大きく、アーチストの熱心な活動にもかか

15　シラーについてはシュスターマン（1999年）も参照のこと
16　リード（２００１年）、p.25
17　ジャック・ピュイゼ(２００４年)。この実践が地域活性化に対してもつ重要性を、金丸弘美『実践！田舎力』ＮＨＫ出版(２０１３年)が紹介している

わらず、必ずしも地域住民に十分な理解と支持を得られない場合があるのではないか。芸術は嗜好と密な関係にある。しかし、私たちが芸術を体験するとき、なによりも感性でもってそれを感じよう、理解しようとする。組織や集団の価値観に影響され、社会的な役割を身にまとった日常の私たちは、芸術と向かい合うとき一個の人間としてアーチストが発するイメージの世界を共有しようとする。そのとき私たちは見知らぬ人々とさえ繋がることができるのである。ソーシャル・キャピタルにも人々を結束させる効果と、集団・組織の人々を外部の人々に繋げる（架橋する）効果があると言われている。芸術にも、既存の価値観にたいして異質なものを提示し人々のつながりを攪拌するような効果と、人間としてより良い世界のヴィジョンとイメージに誘う効果があるのではないかと思える。

三つ目は伝統地場産業を擁している地域において担い手育成に果たす役割である。職人的な働き手の質が製品の魅力向上に大きく影響する。「ものづくりには、社会がその物を求める理由をよく察知し、その理由を満たすように形を適応させていく作業が課せられている」[18]。社会が求める理由には「用」と「美」がある。日本的な美は西洋において支配的であった対称性や均整性、完備性の重視に加え、非対称性、不完備性にも価値を置くと認識されている。「松のことは松に聞け」というように対象志向の創造過程、五感に上下の区別を設けず心身共の働きを重んずる等、西洋美意識と異なる面を有すると言われる。このような感性を身につけるためには、職人となるであろう人々が芸術的刺激のある環境で育つことが重要になろう。工芸と芸術は互いに関連しあっている。これはアーツ・アンド・クラフト運動や民藝運動が教えるところである。

担い手の育成は陶磁器などであれば専門学校や高等学校での専門コースがその役割を果たすであろうが、少年・少女時代に感性を磨いた青年をそのような教育機関でどれだけ育成できるかは、その産地としての長期的な競争力を左右するだろう。分野の異なるアーチストが身近にいて様々な出会いがあり、またそれを評価する土壌がある地域は優れた職人的担い手を輩出する可能性をもっている。

芸術が地域社会にとって果たす役割について以上述べたことが妥当するならば、そのことをまちづくりのリーダーたちはおそらく本能的に気づいているのであろう。安全で安心な地域の形成に留まるのでなく、魅力あふれ誇りうる地域づくりをめざすのなら、芸術は不可欠なのである。

18　樋田豊次郎（２００６年）、p.330

【参考文献】

アリストテレス『詩学』全集第17巻、岩波書店、１９７２年
カント『判断力批判』上巻、以文社、１９９４年
シラー『人間の美的教育について』法政大学出版局、１９７２年
コリングウッド「藝術の原理」『世界の名著』続15、近代の藝術論、中央公論社、１９７４年
フリーランド『でも、これがアートなの？』ブリュッケ、２００７年
マイケル・ガザニガ『人間らしさとはなにか？』インターシフト、２０１０年
平田オリザ『新しい広場をつくる』岩波書店、２０１３年
清水満『共感する心、表現する身体』新評論、１９９７年
今道友信『美について』講談社現代新書、１９７３年
佐々木健一『美学への招待』中公新書、２００４年
ステーィヴン・ミンズ『心の先史時代』青土社、１９９８年
内山節『共同体の基礎理論』農文協、２０１０年
千住博『芸術とは何か』祥伝社、２０１４年
熊倉純子監修『アートプロジェクト』水曜社、２０１４年

デューイ『経験としての芸術』人間の科学社、２００３年
ハーバート・リード『芸術による教育』フィルムアート社、２００１年
シュスターマン『ポピュラー芸術の美学』勁草書房、１９９９年
藤浩志・AAネットワーク『地域を変えるソフトパワー』青幻舎、２０１２年
端信行・中谷武雄編『文化によるまちづくりと文化経済』晃洋書房、２００６年
澤村明 編著『アートは地域を変えたか』慶應義塾大学出版会、２０１４年
西村清和『現代アートの哲学』産業図書、１９９５年
ＯＥＣＤ『創造的地域づくりと文化』明石書店、２０１４年
ジャック・ピュイゼ『子供の味覚を育てる』紀伊國屋書店、２００４年
樋田豊次郎『工芸の領分』美学出版、２００６年
Nelson Goodman, *Languages of Art*, Bobbs-Merrill, 1968
Ellen Winner, *Invented World: The Psychology of Arts*, Harvard University Press, 1982
George Dickie, *Art and the Aesthetic: An Institutional Analysis*, Cornell University Press, 1974
George Dickie, *The Art Circle: A Theory of Art*, Haven Publications, 1984
Denis Dutton, *The Art Instinct: Beauty, Pleasure, and Human Evolution*, 2009
Arnold Berleant, *Art and Engagement*, Temple University Press, 1991
Colin Renfrew, *Prehistory: The Making of the Human Mind*, The Folio Society, 2013
John Tooby & Leda Cosmides, "Does Beauty Build Adapted Minds? Toward an Evolutionary Theory of Aesthetics, Fiction and the Arts", *Substance* 94/95, 2001
Will Gompertz, *What Are You Looking at?* , A Plume Book, 2013
Ellen Dissanayake, *What Is Art For?* , University of Washington Press, 1988
Ellen Dissanayake, *Homo Aestheticus*, University of Washington Press,1992
Ellen Dissanayake, *Art and Intimacy*, University of Washington Press, 2000
Noel Carroll, *Art in Three Dimensions*, Oxford University Press, 2010.
Stephen Davies et al (eds.), *A Companion to Aesthetics*, second edition, Willey-Blackwell, 2009

波佐見焼についてのお問い合わせは左記まで

波佐見焼振興会
〒８５９―３７１１
長崎県東彼杵郡波佐見町井石郷２２５５―２
ＴＥＬ：０９５６―８５―２２１４
ＦＡＸ：０９５６―８５―２８５６
http://www.hasamiyaki.com/

波佐見町観光協会
〒８５９―３７１１
長崎県東彼杵郡波佐見町井石郷２２５５―２
ＴＥＬ：０９５６―８５―２２９０
ＦＡＸ：０９５６―８５―２８５６
http://www.hasami-kankou.jp

長崎県物産振興協会
〒８５０―００５７
長崎県長崎市大黒町３―１
県営バスターミナル２階
ＴＥＬ：０９５―８２１―６５８０
ＦＡＸ：０９５―８２５―８８７０
http://www.e-nagasaki.com/contents/bussan/

執筆者等紹介

児玉盛介	波佐見焼振興会会長、西海陶器代表取締役
広田和樹	株式会社和山代表取締役
中尾善之	株式会社中善常務
團浩道	団陶器代表取締役
松尾一朗	松尾商店代表
松尾慶一	白山陶器株式会社代表取締役社長
遠田公夫	とおだ＆ソリューション合同会社代表
太田幸子	重山陶器株式会社専務取締役
長谷川武雄	長谷川陶磁器工房／クラフトデザインラボ代表
吉村聖吾	陶房 青 代表
長瀬渉	陶芸家
馬場匡平	有限会社マルヒロ
阿部薫太郎	陶磁器デザイナー
今田功	テーブルウェア・フェスティバル　エグゼクティブプロデューサー
田中ゆかり	テーブルコーディネータ
野崎洋光	「分とく山」料理長
岡田浩典	カフェ「モンネ・ルギ・ムック」主宰
中野雄二	波佐見町教育委員会学芸員
山本信	長崎県物産振興協会専務理事（元長崎県窯業技術センター所長）
深澤清	元ＮＰＯ法人グリーン・クラフトツーリズム代表
山口夕妃子	佐賀大学経済学部教授（平成26年3月まで長崎県立大学経済学部教授）
岩重聡美	長崎県立大学経済学部教授
西島博樹	長崎県立大学経済学部教授
谷澤毅	長崎県立大学経済学部教授
綱辰幸	長崎県立大学経済学部教授
古河幹夫	長崎県立大学経済学部教授

波佐見焼ブランドへの道程《みちのり》

二〇一六年三月一日　初版第一刷発行

編　者　長崎県立大学　学長プロジェクト

発行者　福　元　満　治

発行所　石　風　社

福岡市中央区渡辺通二―三―二四

電　話　〇九二（七一四）四八三八

ＦＡＸ　〇九二（七二五）三四四〇

印刷・製本　大同印刷株式会社

*表示価格は本体価格。定価は本体価格プラス税です。

中村　哲

医者 井戸を掘る　アフガン旱魃《かんばつ》との闘い

＊日本ジャーナリスト会議賞受賞

「とにかく生きておれ！　病気は後で治す」。百年に一度といわれる最悪の大旱魃に襲われたアフガニスタンで、現地住民、そして日本の青年たちとともに千の井戸をもって挑んだ医師の緊急レポート

【12刷】1800円

中村　哲

医者、用水路を拓く　アフガンの大地から世界の虚構に挑む

＊農村農業工学会著作賞受賞

養老孟司氏ほか絶讃。「百の診療所より一本の用水路を」。百年に一度といわれる大旱魃《かんばつ》と戦乱に見舞われたアフガニスタン農村の復興のため、全長二五・五キロに及ぶ灌漑用水路を建設する一日本人医師の苦闘と実践の記録

【4刷】1800円

小林澄夫

左官礼讃

左官専門誌の編集長が綴ったエッセイ集。左官という仕事への敬意から、土と水と風が織りなす土壁の美しさ、コンクリートに代表される殺伐たる現代文明への批判、そして潤いある文明へ向けての洞察まで、静謐な筆致で綴る

【8刷】2800円

小林澄夫

左官礼讃　Ⅱ　泥と風景

左官技術の継承のみならず、新たなる想像力によって、心の拠り所となる美しい風景をつくり、なつかしい風景を残す。泥と風と人の可能性を求め続け、深い洞察と詩情あふれる感性によって綴られた左官職人の「バイブル」第2弾！

【2刷】2200円

藤田洋三

鏝絵《こてえ》放浪記

壁に刻まれた左官職人の技・鏝絵。その豊穣に魅せられた一人の写真家が、故郷大分を振り出しに、日本各地さらには中国・アフリカまで歩き続けた二十五年の旅の記録。「スリリングな冒険譚の趣すらある」（西日本新聞）

【3刷】2200円

藤田洋三

世間《せけん》遺産放浪記

働き者の産業建築から、小屋、屋根、壁、近代建築、職人、奇祭、無意識過剰な迷建築まで、庶民の手と風土が生んだ「実用の美」の風景。沸騰する遺産ブームの中で見過ごされてきた庶民の遺産を追った旅の記録（オールカラー二四七遺産）

【2刷】2300円

藤田洋三

世間遺産放浪記　俗世間篇

それは、暮らしと風土が生んだ庶民の遺産——。建築家なしの名土木から、職人の手技が生んだ造作意匠、無意識過剰な迷建築まで、心に沁みる三〇六遺産をオールカラーで紹介する第二弾

2700円

*読者の皆様へ　小社出版物が店頭にない場合は「地方・小出版流通センター扱」か「日販扱」とご指定の上最寄りの書店にご注文下さい。なお、お急ぎの場合は直接小社宛ご注文下されば、代金後払いにてご送本致します（送料は不要です）